U0743411

评

新三字经

评《新三字经》编辑组⊙编

ING XINSANZI JING

中国人民大学出版社

·北京·

教育部基础教育司将《新三字经》（学生版）
列入全国中小学图书馆（室）推荐书目

高占祥畅谈《新三字经》创作的前前后后

高占祥和小读者一起朗读《新三字经》

高占祥手书48米长卷《新三字经》创"自著自书最长的书法长卷"吉尼斯世界纪录

高占祥为读者签名留念

高占祥为小读者签名留念

高占祥《新三字经》演讲会暨学生版
首发签售式在哈尔滨举办

黑龙江省双城市万人激情吟诵
《新三字经》创吉尼斯世界纪录

高占祥与中国戏曲学院附中京剧
《新三字经》演职人员合影

序　言

李文中

人，没有生来就是善良的，也没有生来就是邪恶的，但人的本性是趋于善的，就像大地的本性是要生长哺育万物，而不是用来埋藏枯朽的荒野。

但人是要教化的。

在这个物质张扬、科技猛进的时代，许多人被五光十色的种种景象遮迷了双眼，总也顾不上寻找心灵的安顿，顾不上构筑自己人格的宅房，于是，便不约而同萌发出对道德良知更急切的渴望和对和谐社会更执著的期盼。这种对人生真善美的共同需求，依然是人们在生活大海中安身立命的一条航船。

每一朵快乐的心花之中，都盘结着一片嫩嫩的忧伤：愿这个世界变得越来越美好吧，我们的人生应该更加美满。

在这个时候，社会总是会亮出一道道光芒，探照在人们前行的路上。

高占祥同志多识力行，著 1 416 言的《新三字经》，茹古含今，咀英嚼华。它既雕且琢，吞吐着精神人格的大千气象；它博见怀远，涤荡着心灵洞室的浊秽熏污。

《新三字经》绝不是误人子弟的空谈，也不是沽名钓誉的坐而论道，不是道德说教充饥的画饼，也不是文化建设止渴的望梅，更不是政治的八哥鸟鸣。它是人生经验的深切体悟，是传统文化的提炼升华，是改革时代的明亮眼，是中华民族的赤子心。

青少年的健康成长决定着中国的未来。青少年的思想道德和精神信仰是影响中国发展的精神生产力。精神力和物质力同等重要，同样不能被忽视。

1

高占祥同志的《新三字经》出版以来，在各地引起了强烈的反响。它深受青少年欢迎，是进行思想道德教育的一部难得的好教材。

前不久，在黑龙江出现了万名学生齐诵《新三字经》的壮观场面，好不好呢？很好。够不够呢？不够，还远远不够。

《新三字经》这份优秀、宝贵的精神食粮，需要大力推广、宣传，以便让更多的青少年了解它，吸收它。如果我们不把像《新三字经》这样真正优秀的精神产品及时、有效地输送进广大青少年的思想心灵中，我们就不能算是真正关爱孩子，就不能算是关心他们的成长，青少年就很可能失去更加美好的未来。

《新三字经》出版的意义，终将在人们最实实在在的日常生活行为中，在最平平常常的民间文化土壤中，渐渐闪现出其精义入神、经世致用的价值。

（作者为青年学者）

目　录

辑一　学理读解——青少年道德教育的新途径

>>时间：2008.5.14　地点：中国人民大学
主题：《新三字经》学术座谈会暨新书首发式

>>时间：2008.11.4　地点：中国青年政治学院
主题：青少年道德教育新途径——《新三字经》作者高占祥先生与大学生交流会

>>时间:2008.11.29　地点:中国戏曲学院附属中等戏曲学校
主题:京剧《新三字经》首演

>>时间:2008.12.21　地点:全国政协礼堂
主题:京剧《新三字经》专场演出

>>时间:2009.3.2　地点:黑龙江省双城市
主题:《新三字经》捐赠仪式

辑二　文化感悟——创建和谐社会的新经典

辑三　传媒观点——"小书"浓缩人生"大智慧"

附　录

辑 一

学 理 读 解

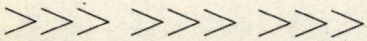

谈"高子"的《新三字经》

文怀沙

《新三字经》我细读了若干次，刚才又听了一遍艺术家朗读，心里有说不出的感觉，五味俱全。占祥本人是非常谦虚诚恳的。我有时做出一点成绩来，还有点沾沾自喜，一想到占祥，我觉得他是一个巨人。他做出这么多成绩来，还那么谦虚，叫我心疼。所以他有事情，一叫我，我就来。本来近日我要去河南，讲老子《道德经》，老子是我最喜欢的思想家。现在把老子《道德经》先放一边，来讲"高子"的《新三字经》。

占祥同志是一位多才多艺的领导，更是一位善于学习，将国家兴衰、国家命运时刻放在心上的"文化苦行僧"。他从事了半个多世纪的青少年思想道德教育、文化艺术工作，先后首创"五讲四美"、"朝霞工程"、"晚霞工程"等在全国有影响的群众活动，写出了《人生宝典》、《人生感言》、《人生漫步》等上百万字论述人生的著作。占祥同志工作、学习很刻苦，经常到晚上两三点。我想到鲁迅先生的两句诗："惯于长夜过春时，挈妇将雏鬓有丝"，春天来了，百花齐放，应该出来看看花，但是在当时的条件下，鲁迅先生习惯于晚上工作，连欣赏花都没有时间。占祥同志完全有权利好好休息，颐养天年，但是他却自讨苦吃。去年，他的新著《文化力》出版，已经产生了很大影响。过去我们经常讲生产力，忘记了文化力，占祥论述了文化力，这部书将来自会有其地位的。

今年出的《新三字经》，篇幅虽然不长，分量却不轻，可以说它既是一册启蒙的小书，也是一本论述人生哲学、创建和谐社会、弘扬中华文化的大书，我相信诸位读后自会有所感悟。

关于《新三字经》，我初步统计了一些数据：全文一共是 1 416 字，一共13 段。这也是很巧合，西方很讨厌13，东方人对13 有感情，《洛神赋》13行，《孙子》13 篇，于是高占祥的《新三字经》一共是13 段。

第1 段是开篇，一共8 行，48 个字；第2 段是明义，14 行，84 个字；第3段，讲尊师重道，22 行，132 个字；第4 段，讲学习，16 行，96 个字；第5段，讲礼仪，12 行，72 个字；第6 段，讲五常，20 行，120 个字；第7 段，讲真善美，24 行，144 个字；第 8 段，讲德智体，16 行，96 个字；第 9 段，讲精气神，14 行，84 个字；第 10 段，讲松竹梅，26 行，156 个字；第 11 段，讲天地水，12 行，72 个字；第 12 段，讲正清和，28 行，168 个字（占全文的 11.8%）。老夫的"正清和"的生命力被他挖掘出来，发掘了我认识不到的地方。第 13 段，结尾，24 行，144 个字，是讲文化的。整个结构是 13 段。占祥没有去抱历史的后腿，他很公正地创新，在一篇小小的"三字经"里头，他做了他心灵的倾诉，他是用他的谦虚诚恳来教育后者，所以文章不朽于世也。

《新三字经》初名《和谐三字经》，后来占祥同志虚怀若谷，根据我的意见更名为《新三字经》。这个意义就不一样了，斯意则在千秋也。

为什么叫《新三字经》？除了上面讲的，还有就是对历史的尊重。关于《三字经》的作者有几种说法，居多的说法是南宋的学者王应麟。这个人，《宋史·文天祥传》里头也特别谈到。文天祥是 20 岁举进士，考官王应麟批了几句话："是卷古谊若龟鉴，忠肝如铁石，臣敢为得人贺"，而后凡 27 年，我们的老祖文天祥"忠肝如铁石"，"庶几无愧"。文天祥最有名的诗句是"人生自古谁无死，留取丹心照汗青"。王应麟慧眼卓识，《三字经》的著作权就是王应麟的。《三字经》从南宋以来，已经有 700 多年的历史，是不可多得的启蒙读物，文笔自然流畅，深入浅出，内容包括了中国传统教育、历史、天文、地理、伦理、道德以及一些民间传说，言简意赅，历来备受赞誉，已被联合国教科文组织列入"世界儿童道德教育丛书"。

书不是用"大"、"小"来讲的。就是说，你写那么长、编那么大的书，能够流传多久，要接受时间的考验。老《三字经》很不简单，开头就是谈人性，从"人之初，性本善"开始。而高占祥《新三字经》放眼自然，开篇是"春日暖，秋水长"，从春日开起，写自然环境，人在这样的时间和环境里，要把握好时间与空间。高占祥把握了时代的脉搏，以强烈的爱国热情，先后改了 40 多遍，以 1 416 个字创作《新三字经》，分量是不轻的。

现在占祥同志要听听我们的意见，把自己的健康放在第一位。他今年 70 多岁，我多么希望他至少活 170 岁。看他的脸色，他没有我这么红润。所以占祥得听我们的意见，休息休息，恢复健康，以利再战。因为你的健康不是个人的事，其实你早就已经"化私为公"了。我想讲的话很多，我讲话一般是有条不紊的。今天，由于激动的原因，在言语上有点东拉西扯。总之，千言万语一句话，占祥要把身体养好再工作。（高占祥：谢谢。）

（作者为著名学者）

具有重要理论与实践意义的著作

程天权

胡锦涛同志在十七大报告中强调："文化越来越成为民族凝聚力和创造力的重要源泉、越来越成为综合国力竞争的重要因素，丰富精神文化生活，越来越成为我国人民的热切愿望"，并指出："建设社会主义核心价值体系，增强社会主义意识形态的吸引力和凝聚力"、"建设和谐文化，培育文明风尚"是新时期文化工作的主要方针。

建设社会主义核心价值体系是文化工作的首要方针。社会主义核心价值体系是社会主义制度的内在精神和生命之魂，在所有社会主义价值目标中处于统摄和支配的地位。没有社会主义核心价值体系的主导和引导，和谐文化建设就会迷失方向、失去根本。建设社会主义核心价值体系，必须深入挖掘我国传统文化中有利于促进社会和谐的内容，汲取其合理的思想内核，赋予新的时代内涵，体现新的时代精神，使之与当代社会发展相适应，焕发新的生机与活力。因此，我们只有深刻认识传统文化的价值，继承和弘扬中华优秀文化传统，才能在历史提供的高起点上创造出更高层次的和谐文化。

公民道德建设是构建和谐社会的基础工作，同时也是建设和谐文化的中心环节。培养文明道德风尚，要着眼于增强公民的社会责任意识，尤其是对青少年的思想道德教育，引导他们树立正确的世界观、人生观、价值观，正确处理国家、集体与个人的利益关系，自觉履行社会责任和法律义务，做一个对国家、对人民、对社会负责任的公民。如何继承和发扬传统文化，加强思想道德教育，已经成为新时期文化教育工作的难点。

蒙学是传统文化的重要内容，也是古代教育的核心基础。《三字经》是有历史的贡献和地位的，它把认字与知识高度统一，通俗易懂，朗朗上口，既有基本用字，又有知识典故，生动活泼，教育了几百年、数十代中华儿女。在大力构建和谐社会主义文化的今天，写出一本具有时代精神与民族文化特色的蒙学教材具有重要的学术价值和教育功能。这不仅需要丰富的人生经验、学养修为，更需要通过深入探讨、反复尝试、长期坚持、不断改进与完善，才能保证作品具有普适意义，适应当今社会发展需要。高占祥同志的《新三字经》的"新",既肯定了时代和传统有着一脉相承的关系,又突出了时代精神。这种喜闻乐见的形式,对于新的蓬勃向上的社会主义价值观、道德观的树立,更具一种针对性。现在确实存在着一种准星坠落、对错不辨、是非模糊的现象。如何构建牢固的社会主义价值观、道德观,以人为本,全面发展,从儿童抓起,有深意焉。所以这本书的创作,无疑具有十分重要的理论意义和实践意义。

高占祥同志长期担任国家文化工作和青少年思想教育工作的领导人,在文化建设一线做了大量的工作,为建设有中国特色的社会主义文化做出了重要的贡献。高占祥同志不仅是一位领导者,还是一位富有激情、才华横溢、饱含学养的著名诗人、作家。在几十年的革命工作与学习中,他创作了大量的书画、文学作品,写出了百万字的人生经验总结。他特别善于观察时代的发展,抓住有规律性的东西,用诗意的笔法将人生感悟上升为生命哲理,在继承传统文化精华的同时,对当下中国文化加以发扬。高占祥同志的《新三字经》是与构建和谐社会的时代主题相符合的,既包含了古代传统文化精华,又具有新的时代气息的新著作。在1 416字的篇幅中,作品包括"言必行,行必果"之类的传统美德,又涉及了环境保护、和谐社会等富有时代特色的内容;既有对古诗文名句的化用,又有白话形式的表述;既有社会经验的总结,又有人生哲理的提炼。语言生动活泼,又合辙押韵,十分优美。作品中的人生箴言,不仅是青少年修身立志的典范,对于成年人的行为规范也不乏教育意义。高占祥同志的创作体现了十七大关于构建社会主义核心价值观,增强核心竞争力的方针。

"中华民族伟大复兴必然伴随着中华文化繁荣兴盛,要充分发挥人民在文化建设中的主体作用,调动广大文化工作者的积极性,更加自觉、更加主动地推动文化大发展大繁荣,在中国特色社会主义的伟大实践中进行文化创造,让人民共享文化发展成果。"高占祥同志正是这一倡导的大力践行者。高占祥同志的《新三字经》在人大出版社出版,我们感到无比的荣幸。我们期待出版更多这样高水平的著作,为传承中华文明、弘扬国学精髓、培养国学人才和建设和谐社会做出新的、更大的贡献。

(作者为中国人民大学党委书记)

优秀的读物　精美的厚礼

张建明

北京市有 150 万的中小学生，将近 100 万大学生，这几年来中共北京市委、市政府的领导，特别重视在青少年学生中弘扬优秀的传统文化。占祥同志《新三字经》的出版，对我们在北京的青少年当中，弘扬中国传统文化的是一个非常好的支持，我们一定要尽我们所能，在中小学生的教育当中，甚至在大学生的教育当中，弘扬中华民族的伟大文化。

我认为要弘扬中华民族的伟大文化，除了继承民族传统文化当中那些优秀的精华部分，还要在中华传统文化的基础上，不断创新，不断地推陈出新。近期，我带着北京九所大学的 108 名学生，组成了一个奥运宣传团，编了一套弘扬奥运文化的歌舞节目，昨天我们到武汉大学去演出。李长春同志指示我们要到全国各地宣传、弘扬中华民族的优良传统和奥运精神。我们以前到美国去演出过，在美国得到了很好的反响。我们昨天参观黄鹤楼的时候，了解到黄鹤楼一千多年来已经毁了六次，重建了六次，它为什么传承到今天呢？这就给我一个启发，中华民族的文化是长期积累形成的，需要我们当代人不断挖掘这样一种内涵，同时也需要进行不断的创新。

昨天我在武汉的黄鹤楼，今天我参加占祥同志《新三字经》学术座谈会，我觉得这里面有某种联系，我们都在弘扬中华民族的伟大传统。占祥同志用《新三字经》这种形式来发扬传统文化，我觉得是非常有意义的。今年是改革开放 30 周年，我们都在研究、总结改革开放 30 年来的经验。我们取得了如此伟大的成绩，如果说我们国人还有些不满意的，就是认为目前对于传统文化的继承和发扬还做得不够。

在今天这样一个座谈会上，用这样一种形式来弘扬我们中华民族优秀的文化，我觉得是非常好的。对教育工作者来说，也是非常好的一种鼓励和鼓舞。对于《新三字经》这样好的、优秀的文化读物和其他一些优秀的文化读物，我们北京市教育工委、北京市教委应该大力提倡，积极学习宣传。"一耿学堂"[①] 的同志也在这儿，我非常赞赏他们到大学、中学、小学去宣扬中国的传统文化。所以我想有占祥同志，有"一耽学堂"，有社会各界的支持，中华民族伟大的传统一定会在青少年当中得到弘扬和发展。我们再次感谢占祥同志给我们送来这样一份精美的、非常优秀的礼物，我们一定把它好好地加以推广。

（作者为中共北京市教育工委常务副书记）

[①] "一耽学堂"是致力于学习、体认和普及中华优秀传统文化的民间公益组织。

《新三字经》的创新特点

马国仓

我代表国家新闻出版总署图书司向《新三字经》一书的作者高占祥同志，向中国人民大学出版社表示衷心的祝贺。

我们和占祥同志早就认识，他是一位长期在文化界工作的领导者。大家刚才也说了他多才多艺、学识渊博，出了很多的著作。因为占祥同志长期在文化领域工作，对文化工作怀有很深的感情，所以他正是怀着这种感情来写他的每一本书。正像文老（指文怀沙。——编者注）所说的，他是"文化苦行僧"。他有一本书叫做《人生宝典》，我拿回家去看完之后，现在我儿子也在看。这是一本能传世、非常优秀的书，里面有很多典故，有很多教育人的知识，确实是一部"宝典"。读占祥同志的书，一看就能够感受到他倾入了很多的心血。这也是占祥同志的书能传世的一个重要的因素所在，他的很多书都在读者中产生了广泛的影响。

这次又读到占祥同志的《新三字经》，我感到非常高兴。老《三字经》是中国民族文化的宝贵遗产，长期以来都是青少年的启蒙教材。现在占祥同志创作了《新三字经》。《新三字经》的"新"，一个是在内容上赋予新的时代内涵，另外在形式上也有所创新，书中还配有占祥同志创作的书法、绘画、摄影作品，图文并茂，形式新颖。从内容上说，大家知道越简单的越难写，《新三字经》虽然文字数量不多，却经过了作者无数次的修改。

2008年初召开全国宣传思想工作会议的时候，胡锦涛同志对宣传思想工作提出高举旗帜、围绕大局、服务人民、改革创新的要求。《新三字经》创新的特点非常突出，既传承了我国优秀的文化，又赋予了时代的内容，这么一本书的出版，对于建设社会主义和谐体系是非常有意义的。

另外，我认为中国人民大学出版社是一个非常优秀的出版社，它出版了大量的精品佳作，许多图书都曾获全国各种奖项，是很有口碑的一家出版社，也是近年来发展非常快的一家出版社。这样一家优秀的出版社又出版了《新三字经》这样一部优秀的作品，下一步，希望人大出版社利用自己的品牌优势，加大《新三字经》这本书的宣传推广力度，让它的作用得到更多、更好的发挥。

（作者为国家新闻出版总署图书司副司长）

抓住了当代德育的高难度课题

徐维凡

对高占祥同志新创作的《新三字经》，我想主要谈三点初步的感想和体会。

首先，我认为这本书的立意非常高。它满足了当前和今后对青少年思想道德教育这方面最迫切的需要。我在教育部工作，我们联系的主要是高校大学生的思想教育部门，还有中小学的思想政治教育部门。大学的思想理论课、思想道德教育与中小学的紧密相连。当前，大家感到进行思想道德教育缺少一些非常好的载体形式，这方面的著作文章都很多，但是真正好的东西、好的作品还是比较有限的。在当前，要深化对大学生、中小学生进行的思想道德教育，我想高部长选取《新三字经》这个角度，立意非常之高。《三字经》是在我们国家源远流长，广为传播的一本非常著名的文化道德教育启蒙读物。一说"三字经"，都自然会想到那个《三字经》。我们对它有一个理想的定位，既然叫"三字经"，在教育的内容方面，在当代进行思想道德教育方面，从理想、理念、典范、楷模等方面，都提出一系列的要求，在内容方面要求是非常高的。再者，作为"三字经"，它对语言方面、文字方面，也提出了极高的要求，既然叫"新三字经"，它一定要以最精练、最鲜活、最精彩、最感人的语言形式，把教育的内容附着在上面。因此占祥同志写作《新三字经》，我想这在当代，在道德教育领域里面，确实是抓住了一个高难度的课题，满足了进行道德教育的需要。我觉得这是非常了不起的、非常重大的一个举措，这是第一点感想。

第二点感想，从《新三字经》整个内容来看，我觉得确实是"新"三字经。开篇谈到"有理想，立大志，做栋梁……倡和谐，民所望，兴道德，国运昌"，有非常鲜明的时代特色、时代感。这里面还有非常厚重的中国历史文化的特色和典故，比如"守琴心，抱剑胆"，这是有历史文化特色的东西，特别是我感到整个《新三字经》的内容，它是从时代与传统、道德与知识、社会与人生、哲理与生活等出发，把这些与历史和现实都交融在一起，形成浑然一体的东西，而且在文字上朗朗上口，利于背诵，利于记忆。还有就是刚才有的领导和学者都谈到这本书当中有书法，有绘画，文图并茂，还有核心概念的一些提示注释，因此感到这本书的质量非常高。

第三点感想，是我自己的一个想法。这本书是一本非常好的书，在使用的过程当中，如何发挥它的作用？我想在今天的新书发布会上，人大出版社做了一个非常精心的安排，邀请著名朗诵艺术家作诵读，这提示我们《新三字经》不是单单让大家读，而是要通过诵读记住它。我想最主要的就是从少年，甚至是幼儿做起，利用人生记忆最佳年龄段，通过适当的、很高级的艺术形式，让学龄前的儿童，或者是中小学的学生们，喜欢它，能够背诵它，记住它。记住之后，随着年龄的增长、知识的积累，一步步增加对内容的理解。这是教育界很多老师和专家们共同的认识。这部《新三字经》可读可诵、好记忆，这方面的特点非常突出。因此我想可以通过诵读，通过记忆，特别是通过很多活动，让大家来关注它，来诵读它，然后更好地发挥它的效应。

我们教育部有关的司局部门，也非常愿意在这方面推动这部书的使用，因为它不是课堂教学，它主要还是通过课外教学，通过潜移默化的、润物细无声的诵读，让我们的教育对象能够了解书中一些深刻的底蕴。所以我们非常愿意为这部书今后的推广和使用，做一些我们应该做的工作。

最后，希望《新三字经》在新的时代条件下，能够广为流传，发扬光大，发挥更好更大的作用！

（作者为教育部社科司副司长）

《新三字经》赏析

贺耀敏

高占祥部长精心撰写的《新三字经》是中华民族伟大精神和优良传统的经典概括。《新三字经》倡导和谐，立意高远，底蕴深厚，博大精深，文字清新，朗朗上口，是当今时代一篇不可多得的美文和文化精品。作为出版人，我们有幸较早阅读了这部书稿，深感这是一部现代白话的三字经、时代精神的三字经、和谐社会的三字经。占祥部长为这篇作品倾注了大量的心血，仅文稿大的修改就达41次，真可谓是"语不惊人改不休"。可以说，它是占祥部长对构建和谐社会的巨大奉献。

胡锦涛同志在党的十七大报告中指出中华文化是中华民族生生不息、团结奋进的不竭动力。弘扬中华文化，建设中华民族共有精神家园，是我们出版工作的宏伟目标。占祥部长《新三字经》一书就是对这一宏伟目标的孜孜追求。

占祥部长长期身居高位，曾任共青团中央书记处书记、河北省委副书记、文化部常务副部长、中国文联党组书记等职务，现在还担任着中华民族文化促进会主席。他长期担任我国文化领域的领导人，先后倡导了大家十分熟悉、在我国产生了重大影响的"五讲四美"、"德艺双馨"等全国性群众活动。几十年的工作感受和阅历令他对青少年教育有着丰富的经验和深刻的理解。他十分关注青少年的成长教育，尤其是思想品德方面的启蒙教育。他不仅是一位多才多艺的领导，更是一位善于学习、将国家兴衰时刻放在心上的"文化苦行僧"。《新三字经》一书，正凝聚了占祥部长几十年的人生经验与学养积累，凝聚了他报效祖国的一片丹心。

在我国古代，蒙学读物在蒙学教育中起着重要的作用。其中《三字经》是我国传统启蒙教育的经典之一，因其内容覆盖广阔，文笔自然流畅，自南宋流传至今，已有700余年。但由于历史久远，《三字经》中有些内容已经不适合当今人们的生活，特别是与青少年的生活距离很远，它的文言形式也让许多读者有所畏惧，更不用说或多或少还存在一些消极落后的思想，这些都不利于今天人们的学习。在大力构建社会主义和谐社会的今天，时代呼唤具有新意的启蒙读物。

占祥部长撰写的《新三字经》正是针对这种时代需要，融入了当前的时代精神，以启蒙人生为切入点，以构建和谐社会为最终目的，是一本完全为当代人写的书。在内容上，这本书仿照中国古代教育经典《三字经》的形式书写，共236句，1 416字。篇幅虽然简短，但内容却丰富深刻，可以说是一部浓缩的人生哲理和社会经验的总结：既讲辩证关系，又富时代气息；既生动活泼，又合辙押韵；既讲通俗性，又含哲理性。我个人在阅读过程中，深感这是一曲真正的高山流水、精品佳作，是真正能够流传久远的文化作品。

根据我的阅读和理解，我认为《新三字经》有这样三个特点：

第一，从思想内容来看，《新三字经》是时代精神与传统美德的统一。《新三字经》既赞誉中华民族的传统美德，如"仁、义、礼、智、信"等，同时还融入了大量富于时代特色的思想，如提倡崇尚知识、文理兼修、德智体全面发展，引入了环保思想、网络道德的内容等。可以说，该书不仅继承了传统美德，更以21世纪的时代精神，倡导一种积极向上、健康活泼的人生观。著名文化学者文怀沙老先生在序言中指出："这本《新三字经》既是一册启蒙'小书'，也是一本论述人生哲学、倡建和谐社会、弘扬中华文化的'大书'。"这一"小"一"大"的评价，十分贴切，十分深刻。

第二，从创作技巧来看，《新三字经》是文学性与通俗性的统一。《新三字经》用现代白话文的形式表述，通俗易懂，适合各个年龄段、各个层次的读者。占祥部长善于深入浅出地阐释人生哲理，在文中运用了大量形象生动的表述，将人生经验和道德准则以比较轻松的形式展现给读者，如"雾茫茫，雨纷纷，眼见事，未必真"。同时，占祥部长善于借用古代诗文名句，使语言更加优美而精彩，如"天行健，人自强，生我材，为兴邦"，就分别运用了《周易》和李白诗篇《将进酒》中的词句。占祥部长还以"起兴"的手法总领全文："春日暖，秋水长，和风吹，百花香"，显示出占祥部长深厚的文学底蕴和成熟的笔法。此外，占祥部长注重音韵的和美，作品读来音节婉转流畅，朗朗上口，于浅近中见高雅，于简洁中见优美，足见占祥部长匠心与功力。

第三，从效用目的来看，《新三字经》倡导个体完善与社会和谐的统一。《三字经》主要体现了知识教育和道德教育的功效。《新三字经》在强调个体修养升华的同时，更加突出个人与社会的关系："天行健，人自强，生我材，为兴邦。倡和谐，民所望，兴道德，国运昌。"作品强调个人价值与社会价值的统一、个体命运与国家气运的统一，强调个体的道德水平与国家实力的统一。这本书不仅可以作为青少年的立身铭言，其讲述的人生哲理，对成年人也不乏教育意义。

另外，此书在设计装帧上也颇具新意，正文和注释相搭配，对每句话所蕴涵的深刻含义都做了详尽的注解，并提取书中核心概念进行重点提示，以利于读者更好地理解其含义。书中配了占祥部长自己与主题相关的书法、绘画和摄影作品，文图搭配，相得益彰。附录部分特意收录了王应麟原著、章炳麟增订版的《三字经》，并给出了浅显易懂的解读。这有利于读者将"新"和"旧"对照来看，加深理解。

优秀的民族文化需要传承和延续，和谐社会的建设需要和谐文化的引导。凝聚着占祥部长几十年人生经验与学养积累的《新三字经》正是这样一部传承民族文化、启蒙人生、引导和谐文化的当代经典。它必将为我国的蒙学教育和青少年思想道德教育起到重要的推动作用，必将为我国社会主义精神文明建设、和谐的社会主义文化环境构建做出应有的贡献。

中国人民大学是我国人文科学、社会科学、管理科学研究的重要基地，拥有雄厚的传统文化教学、研究力量，并于 2005 年 5 月成立了中国人民大学国学院。中国人民大学出版社依托人大的优势，传承文明，弘扬国学，是我国社会科学尤其是人文学科出版的重镇。《新三字经》在人大出版社出版，是中国人民大学出版社的一大盛事，我们深感荣幸。我们相信，本书的出版对于传统文化的传承与发扬，对于青少年思想道德教育的思索与创新，对于和谐的社会主义文化环境的促进与发展，将起到重要的作用。我们很高兴借这个机会向大家透露一个消息，那就是我们即将出版占祥部长的《咏荷五百首》，书中集中展示了占祥部长的 500 幅荷花的摄影照片，并配有占祥部长精心撰写的 500 首咏荷的诗篇，更是一部文图并茂的精品力作。

《新三字经》是一部融古通今的蒙学精品，对我们教育界来讲更是难得的进行思想道德教育的教科书。我想起了占祥部长的一首赞扬美玉的《玉质》诗："平生无意斗红芳，璞玉浑金韵味长。质洁何须多润色，天然去饰久留香。"这部《新三字经》也是一块美玉，一定会久久留香的。

（作者为中国人民大学校长助理、中国人民大学出版社社长）

做人做事的鲜活教材

胡晓松

高占祥同志为我们创作了一部非常好的《新三字经》。我拿到这本书后，我们一家三口都在读。我搞教育工作十几年，从教育的角度来看，刚才很多领导也讲到了，应该说这本书在目前的形势下，为我们青少年，尤其广大中小学生，提供了非常好的读本。这部书不是简单的 1 416 个字，文老先生分了 13 篇展开讲了。我自己在读的过程中，感到它从孩子出生、成长写起，贯穿了人一生的每个阶段，人生每个阶段都可以从中得到启发。我自己看，我爱人看，我上高中的孩子也在看，每个人都有收获，感到这是一部很好的读物。

现在，我想谈两点体会。

一个体会就是在目前这个氛围下，我们苦于如何传承中国文化，苦于如何进行现在青少年的教育，苦于如何进一步抓好德育。我们研究院有个研究中心，主要就是研究在中小学德育中，怎么提高德育的时效性，怎么提高青少年对德育工作的重视，让德育伴随他的学习过程得到提高，这是我们要解决的课题，也是要解决的难题。

应该说这本书的出版，为我们开展青少年德育教育，从内容上、从形式上，都提供了一个鲜活的案例。刚才是几位艺术家的朗诵表演，创作、演唱的《新三字经》，我觉得这些形式都很好。我们在教育当中发现一个现象，现在青少年教育歌谣当中，尤其学前教育和小学、中学这一块儿，我们孩子朗朗上口的歌谣、朗朗上口的儿歌很少，尤其和时代接触紧密的歌谣越来越少。最近我去崇文区看了一下，崇文区做一个实验，他们准备在一所小学里面来推广儿歌，在选取孩子们朗朗上口的歌谣和儿童歌曲的时候，出现尴尬，在选曲过程中发现，和孩子的声音特点结合很紧密的儿童歌谣和歌曲筛选起来很困难。相反，他们很容易地从国外的歌曲当中，选取将近一百首英文歌曲。所以我说在目前情况下，我们这本书的出版，应该说为青少年的教育，从内容和形式上，提供了非常好的生动教材。刚才徐维凡司长的观点我非常赞同，我们在中小学当中，尤其从幼儿园和小学阶段开始，怎么把这本书推广好、宣传好、学习好,让孩子们从小把一些经典的东西记住,从立志开始,从尊师开始,这项工作需要我们认真去做。《新三字经》第二篇讲怎么尊重老师,现在的师生关系是整个中小学都面临的一个挑战,我们教师和学生之间的交往、师生关系是一个需要研究的重大课题。一个社会尊师重教,老师在社会上的地位,在孩子心目当中"一日为师,终身为父"的这种观念,我们怎么把它传承下来?而我们老师如何为了孩子的发展,有奉献一生的精神,这在社会上宣传也不够。这本书淋漓尽致地表述了在社会变化如此剧烈的情况下做人做事的一些根本东西,有历史的传承,仁义礼智信,有真善美,倡导全社会进行公德的培育等。在历史传承当中,我觉得孩子在他的成长中,应该有一个很好的精神支柱,有的专家在写这个东西,我也比较赞同这个观点。我们的教育应该提供给他们的是两个底子,一个是终生学习的底子;还有一个是做人的精神底子。我们现在在终生学习的底子上探索的方面很多,做的实效不错,但是打好人一生当中精神的底子,还有许多方面是需要改进的,这是我讲的第一个体会。

第二个体会,这个书本它更多是在于实践,在实践当中,让更多的人从朗诵它开始,从背诵它开始,从记住它开始,然后在实践当中按照我们所背诵的东西,随着他年龄的增长,把里面贯穿的精神和一些提倡的要求,落实到与人相处当中、与父母相处当中、与老师相处当中、与社会相处当中、与自然相处当中,我觉得这与和谐社会建设本身是一致的。所以这本书的宣传、学习、推广,书的发行是一种渠道、一种手段,而今后更需要我们学校教育参与进来,需要我们社会各界关注这个事情,用好这本书,把书中的精神变成我们青少年教育的内容,然后通过抓青少年教育,让全社会包括社区参与进来。我们还有成人教育和职业教育的研究所,我们希望在社区教育中大力推广,让社区的居民参与进来,让这本书真正把传承中国文化,面向未来,做一个合格的公民三者结合起来,读好、用好这本书。

再次向占祥部长和人大出版社的同志表示衷心的感谢,《新三字经》确实为我们的青少年,为我们的教育系统提供了非常好的教材。

(作者为北京市教育科学院党委书记)

对人生深刻而成熟的思考

王 石

我在占祥同志领导下工作很多年。这两年，看到占祥同志一直非常重视这本《新三字经》，所以我感觉这本书不是占祥同志突发奇想的产物。从他做团中央书记，首先倡导提出"五讲四美"开始，后来不管是在文化部还是在全国文联，对道德教育他一直特别重视。他写《人生宝典》、《人生歌谣》、《人生感言》等，特别重视对人生问题的研究，这是占祥同志一贯的思想。

我看到占祥同志的《新三字经》，有一个很深的感受，觉得他对一些问题的思考很成熟，就是他把人的教育，特别是启蒙道德教育和政治教育相区别。

道德当然是一个历史范畴，当然不能离开一定的时代、国家传统，甚至社会制度，可是它毕竟是自在体系的一个范畴。很多情况下，我们不能去区分是什么时代下的道德或者是什么制度下的道德，甚至是什么政党的道德，很多时候我觉得不能区分。如勤俭与浪费、勤奋与懒惰，在任何时代、任何国家、任何政党都不可能去提倡浪费和懒惰，去排斥勤俭和勤奋。所以我觉得占祥同志这本书，即使拿到香港去，拿到台湾去，甚至拿到国外去，也会被人接受。因为什么？他思考得深入、成熟。他没有用政治和意识形态的东西去代替对于人生的深刻思考。

我爱人一年多以前曾经在哥伦比亚大学做访问学者，趁她放假的时候我去看她，我们到美国迈阿密旁边一个南部的岛上住了一周。这一周我有一个很深的体会，就是打招呼，任何一个陌生人见了你都会跟你打招呼。在电梯看到你会打招呼，走进公寓开门会跟你打招呼问好，你早晨起来跑步，有一辆汽车从对面开过来，开车的人也会放慢速度和你打招呼。我就想到我们很少打招呼、问好，打招呼也说不定没好气儿。你走进一个公寓，他不是问你"早上好"，而是说"你干吗呢"。有时候电梯里边就两个人，从20楼到1楼，谁都不理谁，好像谁要先理谁的话，就有点"跌份儿"——我干吗主动跟你打招呼，你怎么不跟我打招呼？可是电梯里面如果有一个外国人，他会跟你点个头，或者笑一下，或者问你到几层，有时候还会帮你按一下电钮等等。所以我感受很深的是占祥这本书，可以被很多人接受，不但被中国人接受，也会被外国人接受，因为他这种深入的思考，已经超越了一个时代的，甚至超越了社会制度或者政党制度、政党思想这样一些范畴，成为从人类、从人的文明这个角度提出问题，视野非常宽，思考非常深，所以我认为很成熟，这是第一个想法。

第二个想法，我也像许多学者一样，觉得《新三字经》体现了中国文化最闪光的部分。我看到很多学者说中国文化和西方文化有很大区别，古希腊哲学思考的主题比较注重思维与存在，但是中华文化重视天文和人文。我觉得天文的问题很好理解，中国是一个农耕社会，靠天吃饭，就得重视天文。《易经》八卦里面，每个卦都和一种自然现象连在一起，甚至我们平常谈话时候也称为"聊天"，对"天"很重视，可见农业国家靠天吃饭不重视天不行，从这个角度看这也有被迫的成分。可是中国文化的人文思想，我觉得是最闪光的部分。它对现代社会，甚至后现代社会，都将发生作用。包括国外学者，可能主要是看中华文化的人文思想。而在这中间，我觉得对于如何做人这件事情，是中华文化中最闪光的地方。从孔子的"仁者爱人"，到孟子的"浩然之气"，老子提出尊重自然规律，自然而然地去做人，一直到后边"先天下之忧而忧"等等。毛主席也在多处讲做人的问题。所以，怎么样成就一个完美的人和完美的人生，人应该怎么样，不应该怎么样，是中国思想最闪光的部分。我记得过去在学校教书的时候，我去拜访一个家长，那个家长跟我说的一席话，我现在还记得。我说你觉得孩子怎么样？他说挺好，人该知道的事儿孩子现在知道点儿了。他没有说孩子学习好或者成绩好，他说人该知道的事儿他现在也知道一点儿了。所以我觉得中国人在做人这方面的教育和认识是非常突出的。我觉得占祥同志这本书确实体现了中国这种人文思想的光辉。我也很赞成《新三字经》这个书名，但是我不赞成老《三字经》这个说法和旧《三字经》的说法，我觉得它也没有旧，它虽然老，可是没有旧，它就是《三字经》，高部长这个是《新三字经》，将来还可能会有另外的版本，我觉得都会作为我们的一种成果去激励我们的孩子们，激励青少年成长。

（作者为中华民族文化促进会常务副主席）

传统道德与时代精神

——读《新三字经》有感

葛晓音

前几天拿到出版社送我的《新三字经》这本书，非常高兴，很快从头到尾拜读一遍，有很多的感想。

近年来，如何向大众普及传统文化，提倡符合时代精神的新道德，成为文化界和学术界关注的一个热点。不少文化人和学者各自用自己的方式表述他们的思考和努力，也引起了很多的争议。在一片喧嚷声之中，看到中国人民大学出版社出版的高占祥先生的《新三字经》，真有耳目一新之感。从后记得知，作者为写这 1 416 个字的三字经曾经先后修改 41 次，仅仅这一数字对比，就足以令我们深思了。究竟应该以什么样的态度和精神来对待向大众进行道德教育和文化启蒙的事业？究竟应该以什么样的方式来弘扬中国传统文化？这是我拜读《新三字经》之后产生的主要的感想。

《新三字经》既然称之为"经"，那么它的经典意义在哪里？所谓的"经"，一般指具有权威性的、对思想有指导意义的著作。旧的《三字经》的经典意义大家都知道，包含了古代伦理道德、教育、天时、地理、历史、文化的最基本的常识，成为教育儿童最重要的启蒙教材。那么《新三字经》怎么样才能够取代旧《三字经》呢？主要在于内容取向的区别。新老三字经都以励志为目的，但旧《三字经》树立了很多发愤读书的榜样，比较偏重强调学而优则仕，光宗耀祖，显亲扬名。而《新三字经》重点在于为振兴中华立志，有更多的人生箴言，更强调道德品格的修炼，包含了如何对待名利、成败、胜负、贫富、善恶、毁誉、正邪、清浊、友谊、礼仪等许多方面的处世原则，其中既有许多传统道德当中最宝贵的要素，如"天行健，人自强"、"生有涯，知无限"、"成于勤，毁于惰"、"荒于嬉，败于奢"、"省吾身，思己过"、"寸草心，报春晖"、"德不孤，必有邻"、"己不欲，勿施人"、"贫不移，富不淫"、"威不屈，辱不忍"等等，又根据当前青少年的普遍问题，提出了非常切实的道德要求和行为守则，如"私欲烈，弊丛生"、"心怀公，百路通"、"尊公德，守纪律"、"扬正气，振国威"、"莫赌博，戒网瘾"、"远毒品，斥黄妖"以及"五讲四美"的具体内容等等，所有这些都反映了建设和谐社会以及和谐世界的时代呼唤。传统道德和时代精神自然地融为一体，可以说是《新三字经》最大的特色。我想这是可以成为"经"的理由。

从写作来看，用现代白话写三言，既要通俗，又要精练，押韵合辙，还不能勉强，亦非易事。中国韵文三言最兴旺的时期是在西汉，由于三字节奏短促，读来上口，所以主要见于民间歌谣和谚语中，在诗歌中没有得到发展。旧《三字经》正是利用它的节奏特点得以广泛传颂。不过旧《三字经》虽然通俗，毕竟还是浅近文言，其中也有少数难懂之处和凑韵凑字的痕迹。现代儿歌中，三言仍然是最好读、最好记的。但是，三言通俗不难，难在要有文采，带一点儿浅近文言和格谚的味道，读起来还要流畅，新旧道德的内容和表述语言相协调，才能长久流传。《新三字经》在这方面的尝试也是很成功的。

从记诵效果来看，《新三字经》段落、层次很分明，便于分段记诵。全篇基本上每个段落都有一个主题，比如第二段主要讲少年立志，包括不要贪图安逸，要有毅力胆气，历经曲折险阻、矢志不渝等方面；又比如第三段主要讲对待学习的态度，要尊师重道，学与思、知与行不可偏废，不计成败得失，肯于自我反省等等；第四段讲学习知识要全面以及用经典提升境界和品位的重要性；第六段讲尊敬老人和长辈的传统道德；第七段讲如何处理人际关系等等。可以说每一段都能够围绕一个主题，阐发得非常简明，同时又非常充分。如果短时间内背不下来，也可以按照主题先记诵某些段落。

《新三字经》用大众最容易接受的方式，传播新时代青少年应继承和学习的中华传统道德，为社会主义精神文明建设做了实实在在的一件大好事。这本书又采用富有知识性和哲理性的简要注释，配上语录体的文字和插图，使《新三字经》的内涵得到更透彻的阐发，而且后面还附有旧《三字经》的对照和白话注释。虽是薄薄的一本书，却是功德无量的。

《新三字经》告诉我们，传统文化虽然博大精深，但是我们可以用最简易的方式来吸取其精华，并使它产生最大的社会效益。重建中华文明，不在豪奢的形式，而在教化的实质。为此我们要深深地感谢高占祥先生为此付出的心血，并祝愿它能迅速成为家喻户晓的《新三字经》。

（作者为北京大学中文系教授）

广博而精练的文化精品

李汉秋

　　《新三字经》正式出版，这是我们大家非常高兴的事。我过去学习过老《三字经》，也接触过新时代编的诸多的《三字经》。因此，我考虑高部长这本书，怎么能够有自己的特色？我今天来这里开会又读了一遍，它确实很有特色。老《三字经》也好，我过去也编过《三字经》，它都有一些知识性的特色。比如我刚才看老《三字经》，其中讲"三纲"是什么，"三光"是什么，"四时"是什么，"五伦"是什么，"七情"是什么，还包括历代的历史等等，它主要讲一些基本的知识给小孩。老《三字经》被称为袖珍百科全书。而高部长这本《新三字经》摆脱这个框架，这本书的特点是讲自己的人生感悟，这是这本书内容上最突出的特点。这个特点至少有三个层次：第一个层次，建立在高部长丰富的人生阅历和深厚的人生学养基础上。特别是他长期领导文化工作，是文化界的组织者和领导者。这样的阅历使他在文化教育、思想教育这方面的经验很丰富。同时他不光是阅历丰富，他自己确实勤奋好学，这个学养是非常重要的。第二个层次，是占祥同志在人生阅历的基础上，捕捉住了人生的体验和感悟，这就更加可贵。有的人也有很丰富的阅历，但是他不一定能够体悟到，或捕捉不住。而占祥同志就做得很好，他能够捕捉住这些东西。第三个层次，占祥同志在人生体验、人生感悟的基础上，把它升华到人生的哲理、人生的艺术的层面上来。《新三字经》里面有许多人生哲理，讲怎么做人。这是一门非常高深的学问，也是高深的艺术。我觉得《新三字经》的突出特点在这些方面。所以这本《新三字经》到处可以见到格言、箴言，比比皆是。特别是这本书里，有好多是狭义的、准确意义上的"三字成经"。整本书都是三个字一行，它是广义上的"三字经"，那么最原始、准确意义上的"三字经"是"三个字就是经"。刚才有的学者把《新三字经》分成13段，13段中有6段都是讲三个字的，"真善美"是三个字，"德智体"是三个字，"精气神"是三个字，"天地水"是三个字，"正清和"是三个字，13段中间至少有6段是讲三个字的，这是准确意义、原始意义上的"三字成经"。"真善美"这三个字就是经，"德智体"这三个字就是经，他用二十几行来阐述这三个字。这是原本意义上的"三字成经"。高部长《新三字经》里面已概括出 6 个，如果将来他搞得更多一些，甚至整本都是"三字成经"，这三个字就是"真经"了，就更有意思了。这本书已经有 6 段提出"三个字"，这都是人生的精华、人生的艺术、人生的真谛，是非常可贵的。所以这本书比一般的《三字经》更高，就在这个方面。这是我感受的第一点。

第二点，我觉得这本书继承了我们传统文化的一个很好的传统。我们传统文化有很多经，如六经、十三经。经书本身是很简约、非常精练的，没有铺开解释的。后来有"传"，《春秋》有左丘明写的《左传》，只是起一种注解的作用，或者是阐述作用，这个阐述和阐发是不是符合经书作者的本意呢？这就很难讲了。我也写过《三字经》，注释也不是自己搞的，是我女儿搞的。这本《新三字经》的经和注释都是作者高占祥一个人完成的，它是浑然一体的。这样把中国古典、中国传统文化"经和注"、"经和述"、"经和传"融为一体，非常好。这本书的注释当中有很多警句、警语、箴言，都是座右铭，这就更难能可贵了。而且出版社能够心领神会，把警语标出来，突出出来，便于读者更好地掌握要点，这一点非常好。

最后讲图文并茂。这本书把高部长自己历年来创作的一些文学艺术精品，包括绘画、书法，包括自己写的诗歌都融入里面。其实高部长在这方面的建树还很多，还可以增加一些，使这本书真正形成一个在很广博的基础上非常精练的文化结晶。同时，现在已经有《新三字经》之歌，这非常好，将来能够成为组歌，像《长征组歌》那样，分开来是一首一首的歌，合起来是组歌，《新三字经组歌》将来能像《长征组歌》那样气势恢弘地演出，就更好了。这样通过绘画、演唱，通过其他的艺术形式，把《新三字经》广为传播，效果就更好了。

（作者为中国农工民主党中央宣传部长、教授）

完美的结合与统一

郑水泉

　　《新三字经》是一部非常好的著作，它是我们这些年出版的著作当中非常难得的一部好书。我认为它体现了以下四个"统一"：

　　第一，《新三字经》体现了传统与现代的统一。这不仅表现在"三字经"的形式上，而且表现在内容。《三字经》形式非常好，从宋末元初到现在已700多年，它成为我国老百姓，特别是一代代儿童非常熟悉的一部著作。高部长的《新三字经》既在形式上继承了旧《三字经》的非常好的载体和题材，同时又有所创新。我想更重要的意义是在内容上，这里面包含了旧《三字经》里面一些非常精彩的、体现文化传承的一些优秀内容，同时又结合了时代特点、时代的精神、新的实践等很多新的内容。如"德智体"、"五讲四美"、"和谐社会"、"环境保护"，这些都和我们当前的社会生活相关，和我们的时代精神结合在一起。所以我认为《新三字经》是传统和现实非常完美的结合。

　　第二，体现了"小"和"大"的统一。《新三字经》正文有 236 行，1 416 个字，篇幅很小，但是内容有历史、哲学、伦理等方方面面，可以说是一个小型的百科书，非常好地体现了"小"和"大"的统一。正如文怀沙先生在序中所说，这部《新三字经》"既是一册启蒙的'小书'，也是一本论述人生哲学、倡建和谐社会、弘扬中华文化的'大书'"。所以这个书的篇幅不长，但是却是一部有着非常重要意义的"大书"。

　　第三，体现了知识性与思想性的统一。《新三字经》知识含量丰富，有大量的典故，同时具有很强的思想性，它倡导中华传统美德和自强不息的精神。我想这样一部书，不仅是值得青少年学习的好书，同时也是对我们这个时代、对我们成年人提升学养，开启心智，塑造人格等有特别意义的书。

　　我们文化界特别是思想道德领域，存在诸多的问题。很多人也看到，我们中华民族一些非常优良的传统美德、非常优秀的道德品质，如何继承发扬，是有待改进和加强的。在这个背景下，这本书无论对我们个人完善自我，树立正确理想，成就个人事业，还是站在我们国家的角度，治理国家，建设和谐社会，复兴我们中国文明，都是一部非常好的教材、非常好的著作。这是第三个方面，知识性和思想性的统一。

最后一点是内容和形式的统一。这方面出版社的编辑做得非常好。应该说书的内容非常吸引人，同时这本书的形式也非常吸引人。这本书分为朗诵篇和注释篇，为我们读者的学习提供了很多方便。同时《新三字经》的注释篇既详细，又简洁，并插用了大量的书法、绘画等作品，可以说每一幅作品都是精品，给读者美的享受。《新三字经》既可以读，也可以诵，可以陶冶我们的情操，从中获得美的享受。

这些年来，随着中国的发展，传统文化的弘扬，有人说是国学热，但是怎么样真正把传统文化和时代精神结合起来，让传统文化真正得到非常好的弘扬和倡导，我想既是一个重大的课题，同时又是一个难题。我感觉到这方面，做出真正有影响力，或者有推广效应的著作还很少。这部《新三字经》结合时代的要求，把传统文化与时代精神结合起来，我看非常好。高部长以一个人的力量来编写这样一部功德无量的著作，我非常敬佩。

（作者为中国人民大学党委宣传部部长、教授）

传承经典　弘扬国学

袁济喜

我读了高占祥的《新三字经》后，最大的感受是这本书对我们弘扬中国优秀的传统文化具有重要意义。我们回去之后一定要把这本书向国学院的学生、向国学院培训方面的老师大力推荐。中国人民大学国学院承担向社会普及国学、弘扬国学的职责，我们现在有专门的同志负责在社会上宣讲国学，普及国学。20世纪著名的作家、学者朱自清写过一本书叫《经典常谈》，他谈到每个国民都有接触经典的义务。朱自清还谈到民国年间曾经废除读经，但是废除读经并不是说不读经，而是说要把经典纳入国民教育的整个体系当中，重新加以阐释，重新加以推荐。朱自清先生以大学者的身份写《经典常谈》，对中国一些传统的经典进行了重新的阐释。这是我们国学院学生必读的一本书，这本书写得非常好，有五六万字，深入浅出。

在国学院的教学当中，经典教育是最核心的课程，经典教育是国学院区别于现在文史哲学科的标志。6月，国学院有一套《国学经典解读》将由中国人民大学出版社正式出版。这套书的总序是人大纪宝成校长亲自撰写的，届时肯定要举行首发式。经典教育，实际上是人文教育的一个基本的举措，所以在国学院学的是十三经。中国古代教育特别讲究蒙学，启蒙的教育也许对一个人一辈子的成长都非常重要。我们国学院在教育当中也注意补课。国学经典的教育不是一个知识的体系，而是人生体验和人生教育的一个过程，所以从这一点上来说，像《三字经》，像高部长写的《新三字经》当中，有一些做人起码的道理，还有"修身，齐家，治国，平天下"的理论。这方面，我们在对国学院学生的教育当中是非常强调的，也就是说，并不是说国学就是学一些基本的知识，将来把这个作为一个饭碗，这不是国学的真谛。无论是老的《三字经》还是高部长的《新三字经》，都从诚信开始。我非常赞赏《新三字经》从做人最起码的道理讲起，然后讲知礼仪、讲道德、守纪律，讲到人生的智慧，这些都是中国古老的哲学智慧，读后深受启发。

（作者为中国人民大学教授）

《新三字经》与人文教育

彭永捷

我是从事中国哲学研究的，读了高部长的《新三字经》之后，感到这本书既有人生的体验，又有对中国传统文化的深厚体验，这两种体验结合在一起，还有所升华。我觉得《新三字经》的特点一个是时代性，它融入了我们现代的许多元素。第二个是它的和谐性，这个和谐是按照我们传统的精神理解。过去的《三字经》以儒家四小为主轴，现在这个《新三字经》是结合百家。我也向人大出版社表示感谢，他们出了很多国学图书，同样也是功德无量的事情。

传统的《三字经》是三字一句的形式，非常容易上口，并且有韵文，易懂易记，是一种好的文学读物，是一种好的启蒙形式。语言虽然短，但是内容是浓缩的，是精练的，带有编者的一种深厚的体验。

最近我接触到两个与"三字经"相关的事情，一个是今天这个《新三字经》；另外前不久在人民大会堂有个关于修订《三字经》的会，是一家大报的国学版的主编邀我参加的。我说抱歉，我有时间，但我不能参加，因为从我个人的观点来说，我没法接受，而且还要代表中国人民大学国学院，我更不敢去。因为《三字经》是经典，我看高部长在书的后面讲了写《新三字经》有一个过程，认为《三字经》已经成为历史经典，是否应该修订它应该谨慎。我们今天对待经典有三个问题，我觉得应该引起我们的思考。我不怀疑所有从事和关注这个事情的人，初衷都是为了弘扬和继承我们的传统文化，但是以怎样的态度去弘扬和继承，我觉得是需要讨论的。

第一点，就是我们以什么样的态度、什么样的方式去弘扬我们的传统文化，是以尊重我们传统的方式，还是败坏我们传统的方式？经典在形成过程中是要不断变化的，但是形成了以后，相对固定的文本已经固定下来了，作为非物质文化遗产，我们作为后人，要去继承，我们没有权利去更改经典。所有的经典都是产生于特殊的年代，和我们现在的年代有一定的距离。任何经典都有特定的时代内容，随意地去改动经典，这在中国的文学传统里一直是被诟病的。当然如果对文字进行纠正，这个毫无疑问。但我们作为一个文人随便变更古代的文化经典，我觉得这是不能容忍的。我们的初衷是弘扬传统，但是我们必须以尊重自己文化经典的方式，尊重自己传统的方式，来对待它，这是第一点。

第二点，我们可以考虑一下我们的教育，包括启蒙教育是一种什么样的教育，是开启明智的教育，还是类似于愚民教育？为什么要修订《三字经》？说有些内容过时了。我在这里提出自己的看法，我们讲"开启民智"，什么是智呢？柏拉图说要有辨别是非的能力，这是智。那么我们教学生，应该是培养他们辨别是非的能力，而不是说只接触到唯一正确的，而不懂什么是"是"，什么是"非"。古代的愚民主义是要求人们没有思想，现在的愚民主义只允许头脑中有一种思想。我们的教育不是这样，我们是开启民智的教育。所以我们不能用今天的眼光审查古人，审查古籍，那将是很荒谬的。

第三点，我们去思考一下，我们为什么读经典，读经典的目的和意义在什么地方？可以简单来说，一是经典包含着常道，经就是不移不易。经典包括恒常的道理，它有不断的可解释性，随着时代的更新而流传。二是经典是我们灵感的源泉，我们读经典可以不断从中得到启发，经典就是我们的活水源头。三是经典是我们传统文化的结晶。过去几千年来的著作浩如烟海，可是只有少数的经典被人们反复地阅读，这是大浪淘沙的结果。现在我们读经典既是熟悉我们自己的文化传统，也是拥抱我们自己的文化母亲，从文化源头上说明我们从哪里来。同时，阅读经典也可以给我们好多思想上的启发，特别是中国的经典，像《三字经》这样的经典，反映了强烈的儒家思想，圣人千言万语，就是教人如何做人，把做人的道理摆在第一位。

我们为什么要强调阅读古代的经典呢？我们现在用白话文，读经典相对来说可以提高我们的文字素养，提高我们学习自己母语的能力。应该看到，我们阅读文化经典，包括以前的《三字经》和根据传统文化资源，结合现在编的《新三字经》，从更广泛意义上来说，属于一个更大范围内、更广意义上的人文教育，而不只是德育教育。我记得李汉秋先生很早以前就提出过，思想品德教育，也就是思想政治教育和品德教育是要分开的，一个是教人如何做人，这是最基本的，是品德教育；然后在这个基础上，才是要求人去做某一类型的人，比如共产主义接班人，层次上是要分开的。

我认为《新三字经》这本书好就好在它把原来的《三字经》附在后面。所以我就建议，这两个"三字经"应该结合在一起读，既要了解我们古代的文化经典，同时又来阅读这个《新三字经》，把我们不同的需要有机地结合在一起。

最后我想说一点，就是关于《新三字经》能不能成为经典？我觉得它有一个好的基础，但是从经典的形成来看需要一定的时间来检验，甚至后继者不断地做一些努力，经过一段时间的流传之后，它会逐渐以某种形式固定下来，形成一个经典。我觉得这个还可以不断地补充完善。我从学术角度提一些小的参考，一个是对传统文化的把握，尤其是民族精神的把握上，我看到强调自强不息，"天行健，君子以自强不息"，这是中国人很喜欢的一句，也是很愿意用来励志的句子。学术界公认，自强不息是中华民族精神的写照。和老《三字经》相比，现在《新三字经》更强调这方面，风格上特别像《弟子规》。那么在伦理上还需要再加强一些，比如原来《三字经》开头两句话"人之初，性本善，性相近，习相远"，他把孟子的话放在孔子的话前面。一个人要做有道德的人，怎么做？如何做一个有道德的人？比如《新三字经》在注释里面说爱国，爱祖国还是爱国家，这两者怎么统一？还有告诉孩子我们为什么要爱国？再比如就是做栋梁，我国是九年义务教育，面对的是中小学，作为一个国民来说，为什么一定要做栋梁呢？我们面对的大多数不是参天大树，而是普普通通的小草，可是他同样有尊严、有价值。我们的传统文化告诉我们，无论一个人在什么样的地位，用南宋陆九渊的话说"还我堂堂正正做一个人"，在做人上都是一样的。所以有些地方可以再讨论再完善。

《新三字经》在最后的一部分开始讲"五千年，文化力"，我觉得这个有它的特点，有厚重的历史感。我觉得可以把这两个不同版本的"三字经"很好地结合在一起读，相互补充。

（作者为中国人民大学教授）

《新三字经》的永恒魅力

郑一奇

2008 年 1 月 3 日，我接到高占祥同志寄来的书稿《和谐三字经》（或称《道德三字经》）征求意见草稿。占祥同志是文章大家，但是他却非常诚恳地征求朋友对他书稿的意见，这让人非常感动。

占祥同志已是 73 岁高龄，还在不断创作，前不久刚出版了《文化力》一书，时隔不久，又在撰写《和谐三字经》，而且反复修改，广泛征求意见。他旺盛的创造力，对真理、文化经典的不懈追求，让我感佩，让我深思。一些老年朋友步入晚年，陷入生活琐事，烦忧不断，牢骚太盛，占祥同志不仅为青少年成长著书，也为我们老年人的晚年追求做出了最好的榜样！

当我读完这部新出版的《新三字经》时，我觉得功夫不负有心人。这部修改 41 稿而成的《新三字经》确实出手不凡，可以传世，具有永恒的文化魅力。

《三字经》是中国古代的启蒙读物，读者对象是少年儿童与青年学子。它以自然流畅的文笔，三字一句、十二字一段的韵文，讲述人要接受教育的道理，以及必须掌握的一些中国历史、天文、地理、伦理、道德知识。它既讲做人的道理，又讲传统的文化知识，让学童在诵读、识字、听讲、抄写的过程中受到潜移默化的教育，历来受到欢迎。

随着时代的变化、发展，不断有作者加入到重写《三字经》的行列。新中国成立以来，特别是改革开放以来重写的《三字经》已有众多版本，各有特点，各有优长，但走的仍是知识传授与道德教育并重的路子。

读了占祥同志的新作《新三字经》，我认为这部书具有全新的特点，可以概括为四句话：其一，深刻的人生哲理；其二，独到的人生体验；其三，勇敢的创新高度；其四，鲜明的时代精神。

在 21 世纪，占祥同志根据时代特点、构建和谐社会的现实需要，立足于人的健康成长与自我完善，不仅讲述了千百年来人们所信奉、推崇的"仁义礼智信"，而且开创性地提出了"真善美，是三金"、"德智体，是三好"、"精气神，是三宝"、"松竹梅，是三友"、"天地水，是三元"、"正清和，是三经",发前人之所未发,把《新三字经》的视野集中于人的自我完善、人与自然的和谐、人与人的和谐,这是非常深刻、富于远见的。

《新三字经》的编辑方式也很有特点,有正文,有注释,有附录,有插图,让人受到教益,读来赏心悦目。

感谢占祥同志,为读者奉献了一部好书。

(作者为中国青年出版社原副总编辑)

启迪思想　丰富知识
——在朗诵《新三字经》后即席讲话

殷之光

我想说一两句，刚才在听《新三字经》朗诵的时候，有些朋友对个别句子，可能还不太理解。我在刚看的时候也是这样，后来我又仔细翻阅，特别是看了后面注释，这个注释可不得了，每一句都有一个解释，而且非常的详尽细致，读了以后不仅能够在思想上得到深刻的启迪，还能够得到很多知识。所以我想诸位如果有机会、有时间，再翻阅一下占祥同志的注解。我觉得占祥同志真的是下了工夫。他对文化艺术的这种精益求精、这种敬业精神，值得我学习，学习，再学习！

（作者为北京朗诵艺术团团长、朗诵艺术家）

《新三字经》宣扬"真善美"
——在朗诵《新三字经》后即席讲话

曹　灿

趁这个机会我也想讲几句，很高兴今天看到占祥同志的《新三字经》。一见占祥同志我就要说，你又有大作，真是笔耕不止。我刚才看了这篇《新三字经》，包括以前读过占祥的诗歌、散文，欣赏过他的摄影、绘画等作品，有一个什么感觉呢？我觉得占祥同志是上天赐给我们人类的一个宣扬"真善美"的大使，从他的诗歌，到他的文章，到他的所作所为，一直都在宣扬着我们中华民族的美德——真、善、美。

我跟他说："你退下来了，就凭你的声望，就凭你的交往，那么多朋友爱戴你，你应该颐养天年，游山玩水，享受人生，对不对？那样多好啊。"可是他没有这样做，而是在兢兢业业地为我们人类，为我们的社会，勤奋学习、创作，宣扬"真善美"。他的作品小到个人身心修养，到家庭和睦，都写到了，比如，我朗诵过占祥的诗《微笑》，里面讲到"家庭多一分微笑，生活多一分美妙，夫妻多一分微笑，爱情多一分情调"；大到国家、世界，他的摄影作品《和平鸽》和诗赋书法长卷《和平颂》，搭载"神六"上了太空，多大的气魄。我祝愿占祥同志身体健康，多多保重。

（作者为北京市语言学会朗诵研究会会长、朗诵艺术家）

青少年思想道德教育的新经典

——在"青少年道德教育新途径——《新三字经》作者高占祥先生与大学生交流会"上的讲话

倪邦文

今天，我们荣幸地邀请到了曾在共青团工作的老前辈高占祥同志，与我校师生共同探讨青少年道德教育新途径这一重要话题。高占祥同志是著名的诗人、学者、艺术家，又是文化艺术、思想教育、意识形态领域的老领导。高占祥同志先后在团中央、中共河北省委、文化部等很多重要岗位上工作过，具有深厚的知识学养、丰富的人生阅历和工作经验，他在从事青少年思想政治教育和文化工作的过程中创造了很多好的活动品牌和载体，如倡导"五讲四美"、"德艺双馨的艺术家"等等。这些活动都是把理念和实践结合在一起进行思想教育工作、文学艺术工作的创举。高占祥同志最近问世的新作《新三字经》在社会上产生了很大反响。这是一部青少年思想道德教育的好教材，也是一篇倡导人生励志、弘扬中华文化的美文，对增强青少年思想政治教育的针对性、引导青少年健康成长具有重要的启示意义和操作价值。

当前，我国18岁以下的未成年人大约有3.67亿。这些青少年是我们党和国家事业发展的希望，也是中华民族伟大复兴的希望。如何把他们培养成为中国特色社会主义事业的合格建设者和可靠接班人，是我们需要考虑的重大问题，也是党和政府及社会各界都很关注的现实问题。

青少年思想道德教育有四个立足点，第一是要培养爱国情感，第二是要树立远大志向，第三是培养良好的文明习惯，第四是夯实文明基础。因此，我们首先要从增强爱国情感做起，从树立远大理想做起，从规范行为习惯做起，从提高基本素质做起，培育和弘扬以爱国主义为核心的，勤劳勇敢、团结统一、爱好和平、自强不息的伟大的民族精神，帮助青少年树立和培育正确的世界观、人生观、价值观。

做好青少年思想道德教育工作是一项长期的、复杂的任务。我们要引导青少年培养良好的道德品质和文明行为，要培育青少年的劳动意识、效率意识、创造意识、环境意识，要培养他们的进取精神、团队精神、科学精神以及民主法制观念、诚信观念等，使青少年形成一种朝气蓬勃、昂扬向上的精神风貌。

做好青少年思想教育工作需要一个良好的载体。尤其随着当今经济的发展和社会的转型，人们的观念也发生了很大变化。在这样的社会转轨背景下，我们进行青少年的思想政治教育，一方面要大力弘扬传统文化，另一方面要体现时代精神，这两者不可偏废，更需要良好的载体。因此，青少年思想教育既要体现时代性，又要把握规律性，还要坚持实效性。

高占祥同志的《新三字经》蕴涵着深刻的人生哲学、为人处世的道理、人与社会和自然的关系等。正如著名学者文怀沙先生对这本书的评价——这本《新三字经》既是一册启蒙"小书"，也是一本论述人生哲学、倡建和谐社会、弘扬中华文化的"大书"。这一评价恰如其分。

《新三字经》这本书充分体现了前面所讲的时代性、规律性和实效性。

《新三字经》首先体现了时代精神与传统美德的完美统一。我们同学、老师拜读过这本书后，从中不仅读到了"仁义礼智信"等传统文化精髓，也读到了崇尚知识、文理兼修、德智体全面发展、网络文明、环保理念等富有崭新时代内涵的现代社会的先进理念。

《新三字经》同时体现了对青少年思想道德教育规律性的认识和把握。道德的养成、理念的确立，很难仅仅依靠知识的传输和理念的教授来完成，更重要的是实践，是在与生活相结合的过程中完成的。书中体现了道德意识和行为习惯与家庭生活、学校生活、社会生活以及大自然的结合，使青少年在学习《新三字经》过程中找到了很多实践切入点，在理论与实践的结合中，明辨是非、善恶、美丑。

《新三字经》还体现了增强青少年道德教育实效性的功能。针对青少年的特点，弘扬传统文化，服务和谐社会，既浓缩社会经验，又有丰富的人生哲理，这是这本书很重要的看点。它既通俗又有哲理，表达一种社会和谐的理念，使文化启蒙观点与人生励志观念融为一体，并与和谐发展理念相辅相成，形成了一种青少年思想道德教育的新经典，必将对青少年的健康成长产生广泛而良好的影响。

中国青年政治学院致力于培养高素质青少年工作人才和其他方面的管理人才。在培养人才的过程中，我们非常注重提高学生综合的思想、政治、文化素质和道德修养。我们在很多专业教学中都有较好的探索和积累。我们注重理论学习和实践探索，注重道德观念的传承和行为习惯的养成。老师和同学们在学习研讨《新三字经》的过程中，要关注如何将书中的理念结合到我们的专业建设和人才培养中，如何将其中的理念结合到实践中，这是至关重要的。我们很多学生都在一些街道、社区担任辅导员，包括在四川地震灾区长期做社工志愿者，这本身就是一种很好的实践。我们要按照建立社会主义核心价值体系的要求，加强对《新三字经》的研究，探索青少年思想道德教育的新途径，将弘扬传统文化融入思想道德教育工作中去，使理论和知识、文化和体验相结合，更好地把握新的历史条件下青少年思想道德教育的方向，更好地弘扬传统文化，体现时代精神。

（作者为中国青年政治学院党委书记）

看似小文章　实为大手笔

——读《新三字经》有感

李　俊

　　因为我曾讲过中国文化方面的课程，学生中有人拿来一本《新三字经》给我看，并说作者高占祥先生将会来学校与师生交流，希望我能参加。我看了书名，最感兴趣的是"新三字经"会怎么写，会写些什么？阅读一遍，觉得有些意思，想完全忘记其中的一些内容，似乎还不大容易。我隐约地意识到，这是作者有意的、有为的写作。

　　《三字经》是中国古代的一种童蒙读本，明清以来，经常用为儿童的发蒙之物。因为它的文体近于儿歌，简短易诵，所以适于童龄，流传很广。儿童在记诵经文之时，既能增广常识，又有娱乐之效。当然，今天想来，当儿童熟记经文的时候，未必能全部明了其中的意义，但这种记忆未必无效，因为编入经文中的内容，多是一些常识性的知识，如五谷六畜、四方九州之类。除此之外，就是用最简单的句子和最显豁的故事进行励志的诱导，是一个益智与励志相结合的读本，是记忆常识的口诀与劝导向学的嘉言相结合的读本。

　　三字经就是三言成句，三字句写成的"经书"。三字句在中国人的语言中是有其特点的，我体会这种特点表现在两个方面：其一，三字句具有歌谣性、谣谚性。因为在古汉语的习惯中，四言句很正式庄重，五言句近于诗，不易写好，六言则缺乏参差之感，缺乏奇正相生的节奏，而且语句过长，更有不便。而三字句就比较活泼、新鲜，民间语言中较多使用，尤其是民间社会总结的一些生产、生活经验，最为显著。其二，三字句具有格言性。因为句式简短，如果内容上浓缩朴素的经验和哲理，具有一定的启发性，往往就成为人们日常使用的恒言至理，如"满招损，谦受益"这样的古训就是如此。从这个角度上说，传统的《三字经》这本小书，可谓体会到了三言体的好处，又熟练地运用了这一语体，因此，它的成功以及后来的广泛传用，不是没有理由的。

　　要写一本"新三字经"，不但难，而且危险。我体会这个危险有三：其一，如何消化、兼容古典的、传统的思想，将其隐括、点化于文中；但做不好就是堆砌典故和古义，生吞活剥，卖弄故实。其二，如何体会当代中国思想文化的新内涵，作为时代性的元素，赋予文章鲜明的、发展性的活力；但做不好就会成为口号、标语式的当代典故的生硬填充。其三，在语言上如何兼顾简要、新颖、精确、通俗等特色；如果做不好，就不免有刻鹄画虎之嫌。

要解决好这三个问题，首先要求作者对中国传统文化的优秀成果十分熟悉，而且心知其意，并将其转化为面对社会、思考社会的一种智慧和精神，然后方能取其精要，为当下社会上的一些流行病送上一剂良药，为现代社会送上一道良训。其次要求作者以民间社会的立场，去解读、去体会当代中国的主流价值观和政治意识，将其变成一般人成长过程中可能会发生的迷茫情景的警示和引导；将当代中国的新思想和新兴的文化思潮转化为一种人生的教益，让人在阅读之后，有一种洞明世事的启悟。最后要求作者有贯通古今语体的文字能力和语言修养。三字成句，每一个字都要稳妥、明达、婉转、切要，不生、不俗，乍一读，能解其意，稍一想，能知其蕴，回头来再一看，一字不可更改，文意俱鲜，满足人们对文章的"味觉"需求。

高先生的《新三字经》是在心知其难的基础上奋勇力行而成的，很好地解决了模仿与创新之间的矛盾，展示了作者通融古今、达人哲思的良好修养。无论从学问上还是从语言上来看，作者都是一个有心人，修辞造句，有来处，有去处，不同的人读后，我想都会有一种益智与励志的收获。

在我看来，这本《新三字经》不仅有鲜明的时代性，而且有明确的针对性。与古代的《三字经》主要以蒙童为阅读对象不同，这本《新三字经》适合于更广泛的社会人群，对青年学生尤为有益。因为其中的很多内容和问题主要是指向在社会生活中最活跃、最具可塑性同时又最具成长风险的青年群体的。作者并没有对当代人进行传统知识、生活常识的教育，而是通过启发性的言语传达了一系列正规的、正统的、正面的关于人生社会的道理，这些正是青年朋友进入社会、思考社会问题的基本起点和底线信念。

最后，我想说的一个问题是，长期以来我们都在思考传统文化如何进入现代人的生活与成长，也在思考如何实现社会主义文化的大繁荣，我觉得这里面就有一个问题，那就是，什么是社会主义文化？它与中国传统文化的关系如何，以及如何构建这种关系？为此，许多学者都在以不同的方式进行传统文化的宣传、解读、转注甚至假借，我想，高先生的这一尝试应该说也是在这一领域中的个性化的、成功的范例。

写一本《新三字经》，看似小文章，实需大手笔，看似短文字，实需大智慧。

（作者为中国青年政治学院中文系教师）

一个"和"字贯穿始终
——读《新三字经》有感

马铜佳

首先，我想说一下中国的传统文化。中国是个有着五千年历史的国家，先人们为我们留下了很多的宝贵遗产，除了物质的，我想更多的应该是精神文化，可以说中华美德、中华文化源远流长。小的时候我们很多人都读过《三字经》，"人之初，性本善，性相近，习相远"一直都是朗朗上口的，中国的历史文化和传统美德也通过《三字经》展现了出来，这是一种文化的传承。中国的文化需要传承，更需要发展。每个时代都有每个时代的特征，所以优秀文化在传承的过程中更应该紧跟时代的步伐。看了高老的《新三字经》，之所以有了更多的感触，我想这与它里面讲的这些道理与我们现在的生活和成长更为贴近有关。

在我看来，这本书对于个人来讲是在教我们该如何成长，如何做人。而对于整个社会的发展，我觉得它体现了一个字，就是"和"。

先从个人来说吧。我们这一代有了一个特殊的称号，叫做80后，现在在座的还有不少90后。生于这个时代的我们在成长中多了些许迷茫。我们大多数都是独生子女，集万千宠爱于一身，却在不知不觉中多了些许自私、些许懒惰。我们追求着很多，却在失败和打击面前显得更加脆弱，所以，在读到"明人伦，孝第一"、"天行健，当自强"、"得与失，乃互生"这些句子时，我们应该学着自省。当我们树立了正确的人生观、价值观时，我们或许才能真正学会如何爱自己，爱自己身边的人。

做个善良的人、宽容的人，我们会发现其实生活变得很单纯。当我们学会了理解，学会了感恩，我们会发现其实我们真的是很幸福的人；当我们学会了付出，我们会体会到"送人玫瑰，手有余香"的含义。我是一名社工系的学生，助人自助是社工的理念。作为一名社工人，书中所讲的"真善美"、"精气神"、"仁义礼智信"是我们应该具备的，文老先生所说的"正气，清气，和气"更是我们为人处世需要学习的。

再来说说这本书体现的"和"。如今，我们在提倡和谐社会的同时更在强调科学发展观。书中的"天和，地和，人和"的天人合一思想，正符合社会的发展要求。不论是"和谐曲"还是"和谐经"，都希望创造一个和谐融洽的社会环境。社会要和谐，就需要每个人都努力做好自己，因为"每个人的一小步，就是社会的一大步"。

《新三字经》所倡导的是我们现在需要的，因为我们的社会还不够和谐，依然存在道德缺失的现象，我们不该只是鹦鹉学舌般的念念这些朗朗上口的句子，我们需要做的应该是努力践行。只有这样，我们的生活中才会没有三聚氰胺事件的发生，没有研究生不认农村母亲的故事，没有大学生弑师事件的出现……美德需要弘扬，需要传播，需要通过人与人互相感染，其实，我们每个人只用做好自己的点点和滴滴，但是，所有的点点和滴滴能汇成一片美德的海洋！

（作者为中国青年政治学院学生）

读《新三字经》一得

胡　旭

　　我认真读完了《新三字经》一书，现在我从一个大学生的角度谈点体会，总体感觉是这本书内容丰富、言简意赅。它既涵盖了"修身"的人生哲学，也包含了"治世"的经典论述；既提倡了优秀的传统美德，也充分融合了时下的新鲜元素。

　　书中每句虽然只有三个字，但都是浓缩的精华。有时候，正是这三个字，特别能引起读者的共鸣和思考。我对很多句子都有这样的感觉。其中感触最深的是"知与行，相交错"。因为我来自学校的"千里知行社"，这个社团坚持的理念正是"励志、交流、知行合一"，所以在这里我想说一下对"知与行"的理解。

　　事实上，"知与行"的话题已经延续了数千年，正如这本《新三字经》里论述的那样，"知、行"问题是中国伦理学说的一个重要问题，历来就有"知先于行"、"行贵于知"、"知行合一"这三种观点。高老在《新三字经》中写到"知与行，相交错"，应该可以理解为，高老认同王阳明"知行合一"的观点。

　　知与行的问题归根结底是理论与实践的问题。我们知道，理论源于实践，知识源于生活；而理论也能指导实践，知识可以成就行动。知在行中得以升华，行在知中更添本色。人们在知与行、行与知的逻辑中不断循环，相互交错，形成一个螺旋式上升的模式，使得我们认识更加深刻，行动更加准确，这就是一种非常大的进步。因此我认为，"知行合一"，应该是我们坚持的哲学理念。

　　"知行合一"的观点，被很多人认同和推崇，最有名的莫过于著名教育家陶行知先生了，他为此改名便是最好的例证。陶行知先生也把这种观点引入到他教书育人的理念中，并获得很好的效果，如今很多大学都以"知行合一"作为校训，足见人们对知与行的重视，尤其是它在青年成长和发展方面的意义。的确，对于当代大学生、当代青年，知与行决不可偏废其一，须二者并重，才能使自己进步得更快，成长得更好。

应当说，高老的这本《新三字经》，的确每词每句都经过反复斟酌，每个词都有每个词的意蕴，每一句都有每一句的道理。只要读者尤其是青少年读者仔细品味，就会收获很多知识，但是更重要的是应把学到的知识应用到实际生活中，做到知行合一。

我觉得这种"知行合一"的理念，也是高老写这本《新三字经》的目的之一。

（作者为中国青年政治学院学生）

当代中国文化的范本

王 石

我们大家正在一起经历和体验全球一体化。我们所体验的一体化包括一体化的高新科技、一体化的网络世界、一体化的高速公路、一体化的星级酒店，甚至一体化的摇滚音乐和街舞，当然也包括当前一体化的金融风暴。但是，当把目光转向精神文明领域的时候，我们就会发现这个世界还是多元的，并且文明仍然是多样的，包括宗教、文化、民族、信仰、信念、价值等等。所以，全球一体化比以往任何时候都激发了民族意识。

从上个世纪 100 年一直到今天，我们从来还没有哪一个时间段像现在这样重视我们自己民族的文化，没有哪一个时间段像现在认识到我们是谁，认识到我们属于中华民族，认识到我们的文化是属于中华文化。在党的最高级会议上，中国共产党最高领导人说要弘扬中华文化，这在党的历史上也是没有过的。

那么，中华文化是什么？是中国传统文化吗？我想是，又不是。为什么说不是呢？中国传统文化是什么呢？我想能不能这样说，就是自周秦以后至民国以前这段时间中国的文化，因为这段时间我们习惯上叫传统社会，中国传统社会的文化当然可以称中国传统文化。在这期间，这种传统文化中几千年贯穿着不变的东西，就是我们的文化传统。所以，我觉得从周秦到民国以前就是我们的传统文化，可以这样说。但是中华文化不仅应该包括民国以来，还应包括中国进入现代社会以来以及当代改革开放 30 年以来，所有我们认同的、我们创造的文化。如果我们仅仅是说传统文化，那我们今天就用不着坐在这里了，也用不着有《新三字经》，因为我们有"人之初，性本善"就可以了，那就是传统文化，那就是传统文化的一个范本。可是我们今天不同，特别是经历了改革开放 30 年，吸收了西方许多其他的文明，吸收了人类共同认可的价值，我们也发展了自己的文化，所以中华文化还包括当代中国的文化。我们也可以说，我们今天所认同的文化是当代中华文化，是一个全新的文化，是一个跨时代的文化，这个文化是需要许许多多载体的。

今天在这里，我要说到占祥同志的《新三字经》。我想它是当代中华文化的范本，一部典范性的作品。为什么要这样说呢？因为它不仅在时间上照顾到了周秦以来一直到现在历朝历代的思想，这样漫长的历史时期，需要具有博古通今的广阔视野。面对很博大的文化，它第一个体现出来的特点是一种概括性，这是非常不容易的。把如此巨大的时空及其文化概括成一篇千余字的文章，这是不容易的。第二点，概括得非常好读、好懂，具有一种难能可贵的通俗性，这是更不容易的。第三点，我想说的是它有一种被大家普遍认可的正确性。它的知识是正确的，它的观念是正确的。当我们读到"松竹梅，是三友"的时候，会有一种会心的、很温馨的感觉，为什么呢？这是中国传统文化，我们认同它。当我们看到"天地人"、"真善美"时，总是能够从中国古代以及人类的共同文化中，看到占祥同志这样高度的概括和如此宽阔的视野。所以我说，它是当代中华文化一部典范性的著作，它给读者特别是青少年提供了一个非常宝贵的学习机会。

大家都知道占祥同志长期领导我们的思想文化工作，他在我们中间，让人觉得他是最善于把中国共产党人的思想路线变成广大青少年、广大人民的自觉行动的这样一个领导者，这样一个具有创造性的思想者。占祥同志总是在很多人已经入睡的时候，仍然怀着对我们国家、对我们民族、对青少年放不下的热诚，不断地思考，这是我们所有人应该学习的。

昨天我们就在这里举行了京剧《新三字经》的首演，好评如潮。我们称它为京剧，但是没有任何的剧情，没有任何所谓的戏，而是以新颖的思想、充满着哲理性和文化韵味以及多样别致的京剧元素和艺术呈现，吸引和征服了所有的听众，我觉得这是一件非常了不起的事情。我还希望我们的戏剧理论家和戏曲艺术家们为这样一个现象做一些深入的探讨，就是我们的戏曲艺术，能不能在今天，根据生活和艺术表现的需要，离开它的情节性，离开它的故事性，不作为一个剧目，而像音乐、舞蹈、诗歌那样，仅仅以它们传承过程中积累下来的艺术元素，重新编码、重新组合，构成一种新的别致的演出形式。这样一条新的道路或者一个新领域的开辟，我觉得是值得探索的。昨天的情况应该算是一个非常有创造性的尝试。

另外我想说的是，占祥同志曾任团中央书记、省委副书记、文化部常务副部长、全国文联党组书记等，在长期领导我们的思想文化工作，特别是青少年教育工作的过程中，他写的关于人生的著作，我这里不一定说得准确，但我想已经超过 100 万字，比如说《人生宝典》、《人生漫步》、《人生歌谣》等等。把这 100 多万字的著作浓缩、凝练、简约、概括成为 1 416 个字，这也是一个不得了的创举，所以占祥同志今天为我们奉献出《新三字经》不是突发奇想。他长期关注思想领域，在这之前，我们都知道是他提出了"五讲四美"、"德艺双馨"，所以我们今天在这里，一起去体味占祥同志的用心。让我尤其感受到在我们思想文化界的老同志、老领导中间，没有第二人像占祥同志这样孜孜不倦、富有创造性地为思想文化界做出了这么多的贡献！

我还要说点有关传统的话题。欧洲学界对于"传统"这两个字有一个分别，就是他们把传统分成大传统和小传统。什么是大传统？就是官方、知识界和国家主流的传统思想。什么是小传统？就是蕴藏在老百姓中间的、大众的这些思想。用另外一句话说，就是所谓"精英文化"和"大众文化"，这是欧洲关于传统的一个说法。那么我想从这个观点来看，在中国，100多年以来，传统已经基本上被打倒了，从大传统的角度去看是打倒了。我们只要稍微回顾一下，1906年废除了科举，然后1919年五四运动打倒孔家店，然后民国教育部又废除了读经，直到"文化大革命"、"破四旧"，这样100多年的一个过程，我们可以说，在官方、在社会的主流思想中，好像这个传统已经被打倒了。但是从小传统的角度看，那就完全不一样了。我在这里想说一件事情，我有一个朋友是个台湾的老兵，是跟随国民党到台湾去的。等到能够到大陆探亲的时候，他告诉我，他已经迫不及待地到了香港。几十年没有跟家里通过任何音信，在香港的酒店，他又迫不及待地想同他的母亲通一个电话，他的母亲已经高龄了，住在长沙。他从香港把这个电话打到了长沙，居然找到了他的母亲，他母亲接听电话，他就在电话里边喊了一声"娘"，然后他母亲就跟他说了一句话"崽啊，你起来"。他就跟我说，我妈妈为什么认定我就跪下了？她看不到我，就在电话上我叫了一声"娘"以后，我妈妈第一句话就说"崽啊，你起来"，她知道我跪下了。我听了这件事情以后，很有感慨，我觉得这好像是一种默契。儿子在外面这么多年想跟妈妈通一个电话，叫了一声"娘"，他一定是跪下来了，为什么？中国人的传统一定让他跪下来了。所以我想，虽然这么多年我们的大传统、我们的社会主流好像是把我们的传统归结为旧传统、旧习惯、旧风俗，可是我们的传统没有死，我们的传统还在大众中间，而且我们的传统还在今天走上现代化的时候，发挥着积极的、建设性的作用。占祥同志《新三字经》的创造，融合了我们以往的传统，又融合了我们今天新的、更加广阔的思想。我们社会主义的思想、革命文化的思想、西方进步的现代化的思想以及全球全人类共同的理想，就交融在这样一部1 416个字的《新三字经》中间，我们相信占祥同志的贡献一定能够收到非常好的结果。

（作者为中华民族文化促进会常务副主席）

弘扬民族文化的又一件实事

——中国戏曲学院附中京剧《新三字经》首演致辞

徐 超

为贯彻落实党的十七大提出的关于文化大繁荣、大发展的精神，积极响应教育部关于京剧进入中小学课堂的尝试和推广，在北京市教委的大力支持下，今年4月，附中推出了以"娃娃唱戏娃娃看，民族文化代代传"为核心主题的专场演出。为贴近中小学生的审美能力和接受能力，将趣味性、观赏性、参与性、知识性融为一体，我们在教育部推荐的部分曲目的基础上，增加了京剧绝活如椅子功、吃火、长绸的表演，并运用多媒体、动漫制作等现代技术手段，使演出形式新颖别致。

自今年4月26日附中"京剧进课堂"首场演出以来，附中推出的"京剧进课堂"系列活动取得了积极成效，先后在北京、上海、武汉及沈阳等地进行了13场演出。在与中小学生近距离的交流互动中、在经久不息的掌声中、在快乐的笑声里、在孩子们由衷的赞叹中，国粹变得新颖时尚、充满乐趣。观看演出激发了广大中小学生了解京剧的极大兴趣和热情，这种兴趣和热情在随后的调查问卷及访谈中俯拾即是。孩子们用童真、稚嫩的语言表达了他们对京剧表演、脸谱、服饰、唱腔乃至京剧基本知识的多彩感受。很多学校的负责人也表示，无论从弘扬民族文化的层面，还是从提升孩子综合素质的角度看，"京剧进课堂"都是一件好事，是当前艺术教育一道亮丽的风景线。

高占祥主席的新作《新三字经》，浓缩了深刻的生活哲理，散发着思想与智慧的光芒，中国传统文化的精髓要义与时代气息兼收并蓄其中，充满现代教育意义。京剧《新三字经》的排演是附中在推出"京剧进课堂"系列活动后，为弘扬民族文化所做的又一件实事，为广大中学生接受传统文化教育、了解京剧艺术提供的又一个精美载体。

"文化化人，艺术养人"是一个长期渐进、熏陶浸润的过程。京剧艺术教育从娃娃抓起，从"京剧进课堂"开始抓起，持之以恒，孜孜不倦，民族精神的培育和优秀人格的锻造一定会结出丰硕的果实。

值此京剧《新三字经》演出之际，向多年来一直关心和支持我校发展的各级领导、朋友表示衷心感谢和诚挚祝福，并希望提出宝贵意见。我们将秉承"德艺双馨，继往开来"的校训，勤奋耕耘，积极进取，竭力打造首都中等戏曲艺术教育的特色品牌，为传承民族文化、繁荣京剧艺术、推进艺术教育的不断发展作出应有的贡献。

（作者为中国戏曲学院附中校长）

京剧《新三字经》名家三人谈

龚 文

按：2008 年 12 月 21 日，中国戏曲学院附中在全国政协礼堂演出京剧《新三字经》。台上唱念做打，表演精彩；台下全神贯注，不时掌声阵阵，场面火爆。演出结束后，有关领导、专家学者走上舞台向全体演职人员表示祝贺。中共北京市委常委、宣传部长、副市长蔡赴朝，全国政协副秘书长孙怀山，著名学者文怀沙等即席讲话。现对讲话记录进行整理并摘录如下：

文怀沙：我们在振兴京剧方面还有很多困难。但是我现在可以断言，这次京剧《新三字经》演出说明了京剧的生命力。而且，这场京剧将很可能是个奇迹，因为里面没有个性的人物，但它表现了中华民族共性的东西。高占祥部长呕心沥血，深夜不眠搞创作，就是为了我们中华民族的未来。

我小时候念的《三字经》作者是南宋的王应麟。他发现了一个民族英雄，就是我的祖先文天祥。王应麟写的《三字经》这部书，人们用了七百多年，寿命很长。

什么事物都是随着历史发展而变化的，作品也不例外。老《三字经》到现在已经七百多岁了，也出现了一些问题，因为新的事物出来了。江山代有才人出，各领风骚数百年。七百年风骚是王应麟，样板是文天祥。王应麟的时代过去了，出现了新的人物是《新三字经》的作者，叫高占祥。老《三字经》是和孩子们谈哲学，"人之初，性本善"，小孩子生下来是善的。《新三字经》开篇讲"春日暖，秋水长，和风吹，百花香"，谈生态平衡，讲自然景观。这气派只有高占祥有，他高就高在这里，他统观全局。当然我不是说《新三字经》不会老。老《三字经》七百年过去了，我估计这个《新三字经》两千年没问题。

我已经是 49 公岁（98 岁）了。一滴水怎么可以不干？滴在海洋里就可以不干。老头儿怎么可以不老？拥抱青春。"青春做伴好还乡"，跟你们做伴，我也可以心安理得地离开这个历史舞台。我没想到《新三字经》会有这样的生命力，看了这个戏，里面没有什么故事情节，这是很难演的，你们演得这么好，可以激活新的京剧。从前人写爱情，可以感人；高占祥写道德，写中华民族的精神，同样可以感人。

今天我觉得有个大遗憾，遗憾在哪儿？一些伟人，如王应麟就是伟人，孔夫子、老子是伟人，遗憾他们今天没来看京剧《新三字经》演出。历史上伟大的中华文化精英们，现在我告慰你们的在天之灵，今天晚会演出，保证比你们当时的强！（全场大笑）高占祥比你们强，年轻的小演员们，将来又要比高占祥强，这是理所当然的。高占祥同志看着今天这么多年轻的演员，一个一个水平那么高，那么充满活力，他晚上工作再怎么疲倦都高兴。祝京剧《新三字经》日新月新，青春永驻，对将来的京剧革命产生积极的影响。

蔡赴朝：刚才文老讲了那么深刻的话，我就不再多讲了。简单表个态：一是代表北京市人民政府祝贺今天晚上京剧《新三字经》演出圆满成功！感谢高部长写出了这么好的作品，同时演出得这么精彩。二是作为我们地方一级政府，一定要加大对京剧艺术的投入，一定保证让京剧艺术在我们这一代弘扬光大！

孙怀山：今天我们非常荣幸，京剧《新三字经》能在全国政协礼堂表演，使得我们古老的中华传统文化能在政协礼堂得以延续。对文老的讲话我深有同感，在我们这个时代也需要把中华文化、传统文化赋予时代精神、时代特色。弘扬民族优秀文化是当代人民的责任和使命。

（作者为青年学者）

当代青少年全面发展的启蒙读物

张恩亮

大家知道，南宋以来流传至今700余年的《三字经》，一直是我国启蒙教育读物的扛鼎之作，而随着时代的发展，在加大传播中华文明、构筑民族文化软实力的新形势下，更需要富有时代精神的人文经典问世。

高占祥同志以他丰富的人生经历与近半个世纪青少年思想教育工作的经验，以及强烈的爱国热情，用生动流畅的语言将人生哲理、社会经验浓缩创作成共236句、1 416字的《新三字经》，通俗易懂，朗朗上口，可以说既是当代青少年全面发展的启蒙读物，也是一部论述人生哲学、倡建和谐社会、弘扬中华文化的经典之作。

今天，倡导广大青少年学习《新三字经》是时代发展的需要。改革开放30年来的中国，在经济、社会等领域都取得了令世界瞩目的巨大成就。民族的复兴、中华文化的传承、和谐社会的构建，都要求我们加倍努力，增强文化软实力的建设。《新三字经》既赞颂了中华民族的传统美德，又融入了大量富于时代特色的思想，同时还引入了环保思想、网络道德等内容。应该说，这是对中国传统文化的传承和发展，富有时代特色，符合时代发展要求。

倡导学习《新三字经》是青少年思想道德教育实践的需要。随着经济社会的飞速发展和物质生活的极大丰富，社会上盲目追求利益的现象屡见不鲜，青少年纯净的心灵也受到不同程度的侵蚀。《新三字经》根据和谐社会的需要，论述了千百年来人们所信奉并推崇的"仁、义、礼、智、信"，论述了"真善美"、"德智体"、"精气神"的核心内涵，提炼了传统文化的精华，重点强调了为振兴中华立志，强调了道德品格的修炼，包含了如何对待名利、成败、胜负、贫富、毁誉、正邪、清浊、友谊、礼仪等许多处世原则。特别是根据当前青少年普遍存在的问题，提出了非常切实的道德要求和行为准则，如"戒网瘾，防泥沼"，"远毒品，斥黄妖"以及"五讲四美"的具体内容等等。所有这些，都反映了加强青少年思想道德建设的时代呼唤。

倡导学习《新三字经》也是提升青少年文化素养的需要。《新三字经》把传统文化的精髓与时代精神相结合，将通俗性与哲理性相结合、思想性与趣味性相结合、艺术性与文学性相结合，并对每句话所蕴涵的深刻含义都做了详尽的注解。为撰写《新三字经》，高占祥同志研读了《三字经》、《山海经》、《弟子规》、四书五经等四十多种书籍，写了一万多条读书笔记，《新三字经》的注释旁征博引，涵盖重要的经史典籍，具有较高的文学素养和史学价值。因此说，《新三字经》也是提高青少年文化素养的经典力作。

《新三字经》的"新"反映在文体新、立意新和思想新，体现了现代和传统一脉相承的关系，弘扬了中华优秀文化，又突出了时代精神，对于如何在全球化大背景下，从青少年抓起，加强思想道德建设，弘扬和培育中华民族精神，构建社会主义核心价值体系，树立社会主义荣辱观，具有十分重要的理论和现实意义。

加强青少年思想道德建设，引导广大青少年树立远大志向，坚定理想信念，弘扬民族传统文化精神，养成高尚的品德和良好的行为习惯，按照时代要求努力培育德、智、体、美全面发展的中国特色社会主义事业建设者和接班人，是党赋予共青团、少先队的神圣使命，也是共青团、少先队的首要任务。

"实施青少年思想铸魂工程"是今年团省委六项重点工作的首要工作，在这项工程的实施中，我们将借助《新三字经》出版发行的契机，在全省广大青少年中深入开展"学《新三字经》，做美德少年"主题教育活动。活动通知和方案已下发到各市（地）团委、少工委。希望各级团队组织高度重视，认真抓好落实。

（作者为共青团黑龙江省委书记）

让《新三字经》在道德教育中大放异彩

逯景隆

在这春光明媚、万物复苏的美好季节，我们在这里隆重举行《新三字经》授书仪式。

《新三字经》是高占祥同志花费多年心血撰写的、最新推出的弘扬传统文化、服务和谐社会建设的千字韵文。全文以 236 句、1 416 个字的篇幅浓缩人生哲理、社会经验，既讲辩证关系又富时代气息，既生动活泼又合辙押韵，既讲通俗性又富于哲理，堪称文化启蒙、人生励志、传授人生经验、进行思想教育的新经典。《新三字经》既是一册启蒙"小书"，又是论述人生哲学、倡导和谐社会、弘扬中华文化、对青少年进行德育教育的"大书"，是一本"现代白话三字经"、"时代精神三字经"、"和谐社会三字经"。

2008 年 10 月 18 日，由中华民族文化促进会发起的万人吟诵《新三字经》大型活动在我市举行，成为规模最大的学生吟诵活动，创吉尼斯世界纪录。这次活动的成功举办，极大地调动了我市广大青年学生学习《新三字经》的热情，这本书被学校老师评价为"一本开展学生思想品德教育的好书"。

我市把《新三字经》的学习推广作为加强青少年德育教育的重要举措，纳入全市教育体系范畴。《新三字经》中，既有传统教育中最宝贵的要素，如"天行健，人自强"、"生有涯，知无限"、"成于勤，毁于惰"等等，又根据当前青少年存在的普遍问题，提出了非常切实的道德要求和行为准则，如"私欲烈，弊丛生"、"心怀公，百路通"，以及五讲四美的具体内容等等。所有这些，都反映了建设和谐社会以及和谐世界的时代呼唤。学生通过学习"立大志"、"惜时间"、"感师恩"、"学与思"等 18 个单元的内容，经过延伸阅读，使青少年明辨是非、善恶、美丑，培养和弘扬以爱国主义为核心的团结统一、爱好和平、勤劳勇敢、自强不息的伟大民族精神，树立和培养正确的世界观、人生观、价值观，对青少年的健康成长产生了广泛而深远的影响。

这次授书活动选择在我市举行，是对我市的厚爱，必将对推进我市青少年德育教育、弘扬传统文化、和谐社会进程产生积极的作用和深远的影响。我们将以这次活动为契机，将《新三字经》的理念与学生的德育教育相结合，同弘扬时代精神与推动精神文明建设相结合，采取各种措施，开展各种活动，把宣传、普及、推广扎扎实实地推进，让《新三字经》在学校德育教育、社会文明建设中大放异彩，取得更加丰硕的成果。

（作者为中共双城市委副书记、市长）

辑 二

文 化 感 悟

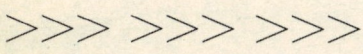

海外来信评《新三字经》

占祥先生惠鉴：

　　岁暮天寒，遥想公私融畅，毋任企祷。早岁南京把袂，受益良多。别后多年，时深怀想。台端才情横溢，海内扬声。前由丁教授介民带来所赠大著《新三字经》，仰见台端沉潜于中华文化之深，体认之切，经中字句浅显易读。童而习之，永难忘记。尤对青少年之修身励志，敦品励学，语重心长。于弘扬中华文化，贡献国家，嘉惠社会，至为伟大。文士所艳称之诗书画三绝，乃台端之余事也。敬佩之余，特此申谢，并贺年禧！

　　　　　　　　　　　　　　　　　许历农
　　　　　　　　　　　　　　　　　十二月十七日
　　　　　　　　　　　　　　（作者为台湾新同盟会会长）

读《新三字经》随笔

刘国玺

　　刚刚读完高占祥同志的理论著作《文化力》，他又寄来了新作《新三字经》。占祥同志真是一位高产作家。一位已过古稀之年的老人，创作力是如此旺盛，这怎能不使我从心里感到敬佩呢！

　　我敬佩占祥同志，不是自今日始。早在他在文化部任常务副部长时，尽管他的工作那样忙，又抓日常工作，又抓京剧振兴，又抓中国艺术节，又抓纪念徽班进京二百周年等等，但是他仍抓紧一切时间，勤奋笔耕，在搞好各项工作的同时，还创作了一大批令人称道的佳作。我常常是他的责任编辑，可以说是最有发言权的。仅在这些年里，我给他编的书就有《微风集》、《春泥集》、《丰碑颂》、《微笑——高占祥诗选》、《高占祥论文化》、《高占祥散文选》等。

　　就在占祥同志一边工作，一边创作文学艺术作品的同时，他也没有忘记对青年工作的关心，还创作出一批引人注目的思想教育读物。其中，社会反响最为强烈的是《人生宝典》。一些中央领导同志对该书给予了好评。时任中共中央政治局委员、主管全国宣传工作的丁关根同志，在全国宣传部长和文化厅局长会议上予以推荐。天津市的文化局长成其盛同志开会回来，给我打电话要这部书。占祥同志知道后，就友好地签上自己的名字，送给他一本。

　　《人生宝典》是一部讲人生修养、人生哲学的大书，就是在构建和谐社会的今天，也是有着深刻现实意义的，特别是对广大青少年，更是有着特殊的意义。我相信这本书是一定会流传下去的。

　　在全国，我有不少作家朋友，对作家也是比较熟悉的。但能像占祥同志这样，一面坚持日常工作，一面用业余时间进行写作，并能写出这么多作品来的，就是一些专业作家也很少有人能及。

　　我敬佩占祥，更表现在他对《新三字经》的创作上。《新三字经》是占祥同志专为青少年写的。全书虽只有1 416个字，但内容丰富，包容古今，写起来是很难的。就像占祥同志自己说的，为了创作《新三字经》，他又重读了《三字经》、《山海经》、《弟子规》、《古今图书集成》、四书五经等四十多种书籍，又查阅了《精神文明大典》、《孔子文化大典》等十多部辞书；为了写好这本书，他先后反复修改 41 稿。用占祥同志自己的话说，这是他写的几十本书中，修改次数最多、修改时间最长的一本书……真是功夫不负有心人，凭着他对青少年工作的一腔热血，凭着他对青少年工作的热爱，凭着他对青少年工作的责任感，凭着他对党的事业的无限忠诚，终于完成了《新三字经》的创作。

《新三字经》是有别于老《三字经》的经典之作。老《三字经》如认定为宋代王应麟所著，那么距今已有七百余年。数百年来，它哺育和影响了一代又一代人。然而，社会发展到今天，老《三字经》显然有些不适应今天社会发展的需要。占祥同志的《新三字经》可谓恰逢其时。他是在汲取老《三字经》精华的基础上，根据时代的需要，根据构建和谐社会的需要，精心创作而成的。

读了《新三字经》，我们不仅可以受到传统文化、传统美德的教育，而且可以受到立大志、做栋梁的教育；读了它不仅可以受到重师礼、学知识的教育，而且可以受到知荣辱、习礼仪的教育；读了它不仅可以受到兴五常、真善美的教育，而且可以受到德智体、精气神的教育；读了它不仅可以受到天地水、正清和的教育，而且可以受到倡五讲、建小康的教育……

《新三字经》确实是一本有益的好书。它既弘扬了传统文化、传统美德，又宣扬了时代精神；它既生动活泼，又合辙押韵；它既通俗易懂，又富有哲理；真可谓字字珠玑，难能可贵，是一本值得一读的好书。

（作者为高级编辑）

文化的传承　时代的创新
——简评高占祥《新三字经》

冰　虹

摘要：《三字经》是中国古代文化教育的启蒙经典，滋养了一代又一代的中国人。进入新世纪，在时代大潮的冲击下，如何继承中国传统文化经典，推进社会主义新时期的文化思想教育，成了一个重大问题。高占祥先生的《新三字经》，继承中国"诗"学的文化传统，结合当代社会现实，进行了独特的加工创造，在思想性与艺术性上达到了完美的统一，成为新时代思想文化教育读本的楷模。

"人之初，性本善，性相近，习相远……"伴着稚嫩的童声，《三字经》无疑已成了中国人的一种精神食粮和文化寄托。进入新时代，社会生活发生了重大变化，很显然，作为传统启蒙教育经典的《三字经》，已远远不能适应时代的需要了。高占祥先生另辟蹊径，将中国传统的"诗"学风格加以发扬，创作了弘扬传统文化、契合时代特色的千字韵文《新三字经》。这本书虽然简短精悍，内容却非常深刻，可以说是一部浓缩的人生哲理与社会经验的总结，既有通俗性，又蕴涵深刻，富有时代气息。作者对每句话的含义都做了详尽的注解，并提取书中核心概念加以提示，以利于读者更好地理解其含义。书中还配有作者创作的与主题相关的书法、绘画和摄影作品，文图并茂，相得益彰。

一、这本书是中国优秀民族文化传承的一个缩影

大家都知道，中国是一个诗的国度。从先秦的《诗经》，到盛唐气象，到近现代及当代诗歌，诗歌在国人心中一直占据非常重要的地位，久而久之，便形成了一种独特的诗学文化。体现在蒙学上，除了《三字经》，还有《百家姓》、《千字文》及《增广贤文》、《声律启蒙》等，也大多采用或三或四或五的诗化的语言，或排比或对偶，形成一种朗朗上口、好学易记的特点，这些都为儿童的启蒙学习带来了极大的方便。尤其是《三字经》，以其思想启蒙、好学易记的特点，在中国更是影响广泛，几乎成为古代私塾的必备教材，影响了无数代中国人的行为思想。

　　高占祥先生正是在借鉴吸收《三字经》这种古代启蒙教育绝佳教材的基础上，结合我国当前的时代背景，创作了《新三字经》。总体来看，这种借鉴吸收主要有如下特点：

　　首先，形式上的借鉴。《三字经》采用简明易记的三字韵文句式，句短意赅，朗朗上口，特别适合幼儿的学习诵读。《新三字经》则同样采用这种三字韵文句式，全文以236句、1 416字的篇幅，浓缩了人生哲理与社会经验，堪称文化启蒙和人生励志的时代经典。

　　其次，思想内涵上的借鉴。《三字经》是作为一部启蒙读物出现的，除了其认知功能，更重要的恐怕就是道德教化功能了。作为幼儿的启蒙读物，要让学童在潜移默化中接受中国博大精深的儒家文化，明事理，辨善恶，立大志，扬正德，就必须包蕴它应有的思想品格，而《新三字经》也做到了这一点。

　　再次，对中国诗学渊源的借鉴。可以说，中国是一个真正的诗的国度。从牙牙学语的儿童，到花甲之年的老者，都能背诵一首首的唐诗；对于其传说典故，更是能顺手拈来。诗歌滋润了中国人的心田，并几乎影响到了所有国人的品格与习性。因而，对于这种启蒙读物，采取一种类似诗歌的方式，让儿童易学、乐学，便成了教育者的一种必然选择。《新三字经》显然是深刻理解了这种内在的需求。

二、这本书是时代精神文明的一种创新

　　优秀的民族文化需要传承和延续，和谐社会的建设需要优秀文化的引导。《新三字经》便是这种时代大潮下的产物。它之所以定名为"新"三字经，不外乎如下几个原因：一是创作时代新，适应于现代化社会的启蒙需要；二是内容新，更换添加了一些新时代的经典用语与事例；三是风格形式新，大胆采用新的白话，更适合于新时代的少年儿童启蒙阅读使用。

　　首先，创作时代新。当前，我国已进入了轰轰烈烈的社会主义现代化建设时期，社会变革风起云涌，新的时代、新的社会更需要新的时代道德典范。《新三字经》巧妙地将中国优秀的传统文化与时代特色结合起来，极富时代气息，氤氲着一种现代的美。

　　其次，思想内容新。《三字经》毕竟产生于近千年前的封建时代，受当时历史条件的局限，书中残存着一些诸如等级观念等封建糟粕，渗透着封建文化中的一些消极乃至颓废的东西。显然，这些东西已经不再适应时代的需要。高占祥先生的《新三字经》对这些封建糟粕加以抛弃，吸收借鉴其中的有益成分，并结合当前时代的新道德、新风尚，加以改造创新，数易其稿，以1 416字的篇幅浓缩人生哲理与社会经验，堪称文化启蒙与人生励志的思想

教育新经典。

最后，风格形式新。1919年五四运动前后，白话文改革轰轰烈烈开展起来，最终取得了胜利，作为封建社会数千年书面统治语言的文言文终于退出了历史的舞台。适应当前形势的变化，《新三字经》大胆采用新的白话文，注重作品的通俗性，生动活泼，合辙押韵，这样更适合当前新形势下的启蒙教育，更贴合少年儿童的学习习惯，也更加简洁明白，好学易记。

三、这本书将在社会主义现代化建设中发挥重要作用

当今社会，"和"仍然是时代的主题。胡锦涛总书记号召我们建立一个以人为本的"和谐"社会，抓住了我们这个时代的主题。奥运会开幕式中的活字模表演，便清晰地向我们传达了这样一个信息。同时，这也是一个需要经典、呼唤经典的年代。高占祥先生及时抓住了我们这个时代的脉搏，以强烈的爱国热情、生动流畅的语言创作了《新三字经》。《新三字经》吸收了中国传统文化的精华，同时将新时代的和谐主题融入其中；根据和谐社会的需要，阐述了德智体、真善美、和谐发展的魅力，阐述了和谐社会崇尚的仁义礼智信等等。可以说，这本书凝聚了他几十年的人生经验与对教育的深刻思考，凝聚了他拳拳赤子的一片赤诚丹心，不愧是一部现代白话三字经、时代精神三字经、和谐社会三字经。

概而言之，《新三字经》具有独特的时代价值与社会意义。它用中国优秀的文化对青少年进行教育，是对我们优秀传统文化的一种传承，也是对我们时代精神的一种创新，为构建和谐社会、创造和谐的社会主义文化环境，作出了重大贡献。难怪文怀沙老称赞此书"既是一册启蒙的'小书'，也是一本论述人生哲学、倡建和谐社会、弘扬中华文化的'大书'"。可以预言的是，它必将成为学习中华传统文化不可多得的一本优秀启蒙读物。

高占祥先生是著名作家、评论家，同时又是著名的书法家、摄影家，曾任中国文联党组书记、文化部常务副部长等职务，对于文学、诗歌、戏剧、书画、摄影等等，几乎无所不通，出版有多部诗文集及书法绘画、摄影集等，在多年的青少年思想道德教育和文化管理工作中，先后倡导了"五讲四美"、"德艺双馨"等具有全国重大影响的群众活动。几十年的工作使他对中国传统文化和青少年教育有着丰富的经验和深刻的理解，写下了百余万字的人生箴言。这部《新三字经》便是他勤勉思考、不辍耕耘的又一大收获。

祈愿高占祥先生有更多的作品面世！

（作者为曲阜师范大学文学院副教授）

道德血脉

——《新三字经》读后

白 金

北京奥运进行时，文友传来消息，言高占祥同志有一部《新三字经》问世。喜得此讯，好像"鸟巢"跑道上又有一位运动员创造了崭新纪录，忙打电话表示祝贺。

月余，正在电视屏幕前观看"神七"飞天直播，《新三字经》自京寄来。读之，犹似一曲伴同宇航员太空行走的乐章，此刻天上地下，相偕着在向祖国呈奉赤子之心。

这册《新三字经》，是占祥同志创作的又一部启蒙读物，侧重在人生哲理、道德构建诸方面，坚持着他多半生关注青少年成长的主要脉络。三十年来，我先后阅读了他的《处世歌诀》、《人生宝鉴》、《人生镜语》、《人生箴言》、《人生宝典》等系列著作，其深刻之论见，是他首先对传统立论的挖掘、整理、阐释后拥有的感受和悟觉，并结合今日时代发展的需要，以及对祖国未来的展望，写出了心之所想、志之所盼，尽了力之所能。占祥同志数十年如一日的磨砺和精进，为培养一代代有理想、有道德、有文化、有纪律的新人作出的贡献，一直是文化界同道们的楷模，令我由衷地赞佩。

在"神七"凯旋的欢歌中，石榴树前，星光之下，我一次次地通读着这本《新三字经》。文怀沙老前辈在该书序文中写道："这是一册启蒙'小书'，更是一本论述人生哲学、倡建和谐社会、弘扬中华文化的'大书'。"论定中肯，评价得当，引发出我许多较深入的思考。占祥同志早在 2001 年就出版了60 万字的《人生宝典》，是名副其实论述传统美德与时代精神的大部头著作。但他何以又用 8 个春秋的苦心酝酿，重读了近百部古典名著，先后改稿 41次，最后精致编撰而成这本仅仅 1 416 字的普及型教材《新三字经》呢？于是，我想到了"肃肃宵征，夙夜在公"这句名言，在这句名言中那个巨笔挥写的"公"字，牵住了占祥同志的心，令他时时惦念着中华大地道德血脉的继承和贯通，并从其启蒙文化入手，竭尽心力而行。为此"肃肃宵征"地躬耕不歇，留下"夙夜在公"的影迹。清代李方膺有一首《题画梅》诗，文曰：

"挥毫落纸墨痕新，几点梅花最可人。愿借天风吹得远，家家门巷尽成春。"《新三字经》非几点梅花，是满野的梅林，其所映射出的必然会是"天下尽春"之盛景了。

自古以来，力于启蒙教育而专意著述者前行后继。早于周时，即有史官撰《史籀篇》，为教学童之书。至秦，有李斯作《仓颉》、胡母敬作《博学篇》，供少年读。汉司马相如著《心将篇》，魏晋南北朝蔡邕撰《劝学篇》、束皙撰《发蒙记》、顾恺之撰《启蒙记》、周兴嗣撰《千字文》。唐代为要者推杜嗣先之《兔园册府》，甚盛行。至宋，王应麟编撰《三字经》，成标本。明有吕得胜、吕坤父子编选《小儿语》、《续小儿语》……历代仁人志士，投力蒙学著述者还有许多，不一一列举。统观之，凡思华夏教育之需，计长远树人之策，承道德修养源流，从而顺天时、适地利、应人和而完成之启蒙学本，均会为民众所接受，并发挥了难以估量的巨大作用。今时占祥同志进思尽忠，汲取既有《三字经》结构严谨、文体简练、内容丰富、通俗易懂、宜于实践等优长，并应答当今时代建设及和谐社会之需求，著成《新三字经》，是又一令人瞩目的探索，如能得到适时的、成功的推广，并不断地完善，当功在千秋。"男儿徇大义，立节不沽名。"占祥同志献力而为，其心在于此。

作为半个多世纪占祥同志的知心文友，读其各种著作，时有感言，并常记录下来以便深入思索。对本册《新三字经》朗读篇，我认为关键在实用，可广泛征求意见进行修订，以求普及。而对注释篇，我觉得还有文章可做。记得幼时，外祖父教《三字经》，孩子们最感兴趣的是听他老人家开讲，那由浅入深的阐释、拨动心弦的典故情节、富有震撼力的名言警句、丰富多彩的各类知识，使我终生受益。因此，我想可否将注释篇中所涉及的《论语》、《孟子》、《老子》、《荀子》、《汉书》、《宋史》等历代古籍内容，以及屈原、李白、杜甫、苏轼、孟郊、文天祥、龚自珍、谭嗣同等诗文佳句，编成通俗易记的故事，有条件时还可配之插图、字画，单独编辑成册，亦可附于《新三字经》正文之后，供讲授者或自学者参考，加大本书的教育力度。

奥运会是健康的品质和体魄的大展演，"神七"巡天是人类科技发展的大跨越。与此同时《新三字经》伴之而来，也可以说是祖国启蒙文化又一新的探索、新的成果。"文章千古事，得失寸心知"，占祥同志深知这句名言的底蕴，为中华民族道德血脉的流畅通达、健康传承，他一直在躬身奋斗。

戊子咏月写于津门驼斋

（作者为诗人）

创建和谐社会的"三字经文"

刘仲武

　　高占祥同志是我十分崇敬的领导，是我景仰已久的大师，是我心中崇拜的偶像，是我做人作艺的楷模，当然，也是我相识多年的良师益友。读了他刚刚出版的《新三字经》，心情十分激动。这是一部人人能看得懂的三字经，是一部符合时代精神的三字经，是一部尊重中国传统道德、创建和谐社会的三字经。

　　《新三字经》新在何处？她不但是重新编写，更主要的是经文的内容符合今天我们的国情，符合当今社会的需要。七百多年前，南宋学者王应麟编写的《三字经》，对中国的启蒙教育起到了十分重要的作用。她教育了几十代中国人。《三字经》、《百家姓》、《千字文》、《弟子规》等经典著作，在各个历史时期都是青少年的必读之物。然而，按着与时俱进的观点，原来《三字经》的内容有相当一部分已经与今天的社会不相吻合。高占祥的《新三字经》从头到尾全方位地阐明了当今社会的需求。换言之，也就是我们，特别是青少年应该懂、应该学、应该做的。

　　作者开篇首先把大环境交代清楚，当今是"春日暖，秋水长，和风吹，百花香"。中华民族这个大家庭是非常美好的，生活在这个大家庭的人民应该是享受幸福的，不像有些无知且无志的人所说的，这也不好，那也不好，还美其名曰"不做'愤青'枉少年"，"生不逢辰"等等。接下来便直奔主题，"青少年，有理想，立大志，做栋梁"，主要对象是青少年。1957 年 11 月 17日，毛泽东主席在莫斯科大学面对数千名中国留苏学生和实习生说："世界是你们的，也是我们的，但是归根结底是你们的。你们青年人朝气蓬勃，正在兴旺时期，好像早晨八九点钟的太阳。希望寄托在你们身上。"邓小平同志也曾说："搞社会主义精神文明，主要是使我们的各民族人民都成为有理想、讲道德、有文化、守纪律的人民。"《新三字经》把青少年的理想放在非常主要的地位，可见作者对青少年寄予的厚望。高占祥同志在团中央工作多年，对青少年既了解又理解，希冀他们立大志，做栋梁。常言道"有志者，事竟成。"虽然说提高国民素质，提高青少年的思想修养，靠一部《新三字经》是不可能完全奏效的，但经过广泛而持久的宣传，我相信她必将会对培养青少年的优秀思想意识起到积极而重要的作用。

"倡和谐，民所望，兴道德，国运昌。"《新三字经》被誉为"和谐社会三字经"，何谓和谐？我理解和谐是指对自然和人类社会变化、发展规律的认识，是人们所追求的美好事物和处事的价值观、方法论。早在1981年初，高占祥同志在共青团中央工作时，为响应中共中央关于加强社会主义精神文明建设的号召，便提出了开展"五讲四美"活动。"五讲四美"的核心就是创建和谐社会，是为继承中华民族的传统美德，提高国民素质而提出的。"倡和谐，民所望"，和谐是一个国家的风貌，是力量的基础、进步的体现。人民大众十分渴望我们自己的国家时时、事事、处处都和谐，消灭一切不和谐的因素，删除一切不和谐的音符。"国不和，刀兵起，家不和，骨肉离。人不和，心不齐，志不和，道分歧。社会和，少暴戾，民族和，国之基。将相和，力生威，家庭和，万事吉。港澳台，亲兄弟，同根生，共呼吸。和合力，胜金玉，和生祥，彩云归。"作者用了较长的篇幅写和谐与不和谐的利弊关系。

中央党校文史部教授、全国政协委员刘景录曾说："没有道德信仰，哪有和谐社会？这是大问题。"道德问题确实是个大问题。道德也是《新三字经》中的核心问题，《论语·里仁》说："德不孤，必有邻。"《周易》中的卦辞曰："天行健，君子以自强不息；地势坤，君子以厚德载物。"也就是说，无论是领导布置，还是朋友相托，对有道德的人便可以放心的委以重任，或者说，把一件重要的工作交给一个有道德的人，他必定会"度德而处之，量力而行之"，让你相信他会竭尽全力完成受命之事。20世纪90年代初，社会道德处于滑坡时期，家庭美德、职业道德、社会公德出现空前混乱，社会风气江河日下。文艺界在社会中处于一个特殊位置，不正之风表现得尤为突出。有些名演员靠着国家和人民培育起来的名誉，到处"走穴"，漫天要价，甚至要大牌；也有些演员取得了一点成绩，便向领导要名誉、要地位、要职务、要待遇。就在这种背景下，高占祥同志首先提出：文艺界要开展争做"德艺双馨"文艺工作者的活动。90年代第一春，中国戏曲学院建院40周年院庆大会上，高部长讲话的题目就是"弘扬民族优秀文化，培育德艺双馨的戏曲人才群"。之后，时任中共中央总书记的江泽民同志又为中国戏曲学院题写了"德艺双馨，继往开来"的题词。继而，全国文艺界乃至体育、卫生、教育界等，都在德艺双馨上下工夫，举办德艺双馨讲习班、搞德艺双馨文艺晚会、评德艺双馨的先进工作者等等，不一而足。当时，河北戏剧界也出现了某些不健康现象：有少数在国家级的赛事中获得大奖的演员，在那种大环境中"浑水摸鱼"，开始"手心朝上"，开始向领导"拿糖、示威"，开始与养育自己的农村、农民离心离德，不愿意再下乡为农民演出等等。我曾在不同的场合讲过：精湛的艺术是建立在高尚的品德之上的。我在《大舞台》杂志上发表了题为《德艺双馨方为家》的文章，以对那些道德意识不健康的人敲敲警钟。"五讲四美"、"德艺双馨"这两项在全国有恒久性影响力的群众活动得到了党中央的高度重视和大力支持，得到了全国人民的积极响应和热烈拥护。《新三字经》用了相当大的篇幅写了道德与和谐，可见作者对这个问题的重视高度。"人之春，在少年，光阴迫，惜时间。生有涯，知无限，苦攻读，莫偷安。"读到此我想起一出戏，剧名叫《三娘教子》。其中三娘王春娥有这样几句唱词："光阴比金贵，一去难追回。少壮不努力，老大徒伤悲。"王春娥是用血泪说唱这几句唱词，又采取了"子不学，断机杼"的手段，终于将并非亲生的儿子教养成人，大比之年金榜题名。人的学习最佳时间段应该是在青少年，记忆力最好，思维也敏捷。这个时间段的确是光阴比金贵，一寸光阴一寸金。"生有涯，知无限"，人生一世，无论你是谁，总有终点站，可知识的海洋是无边际的。《新三字经》在此有一幅作者亲自书写的、精美的书法作品，"精耕自有丰收日，时光不负苦心人"。这副对联饱含着作者的良苦用心。它既是对奋斗者的鞭策和鼓励，又是对成功者的肯定和褒扬。它如同是奥运赛场的"拉拉队"，起到了助威、加油的作用。岳飞在他的《满江红》中写道："莫等闲，白了少年头，空悲切。"民间谚语有"一年之计在于春，一人之计在于勤"。人的青春也是人一生中的春天，青春的创造力是无穷尽的。珍惜宝贵青春的人，就能创造出奇迹来，创造出财富来；反之，浪费青春年华，虚度青春的人，除了惭愧之外，将一无所得。纵观古今中外名人学者，他们没有一个不是珍惜美好青春，把青春作为学习的良好时期的。

"勤奋者，功必成，开创者，业必兴。贪逸者，手必空，爬行者，难成龙。"中国的成语中有很多描述"勤"字的，如勤能补拙、业精于勤、勤学苦练、天道酬勤等。以上成语都是说"勤奋者，功必成"。古今中外有数不胜数的例子能佐证"勤奋者，功必成"。《圣经》的箴言中有这样一句话："手懒的，要受贫穷；手勤的，却要富足。"勤学苦练是勤奋者的具体表现。著名京剧河北梆子表演艺术家裴艳玲幼年练功十分勤奋，单说"拧旋子"一项，就足可说明问题。每天"拧旋子"要一气儿练下来，步骤是：第一次拧一个，第二次拧两个，第三次拧三个，依此类推一直拧到72次，这一气儿共拧多少个？留给数学家去算吧。她练功从正月初一练到腊月三十，一天不辍。而今她已年逾花甲，依然坚持练功。所以，至今舞台上的裴艳玲依然身轻如燕，潇洒自如。梨园界有一句谚语"要想台上显贵，台下必受苦累"。奥运会上拿金牌的冠军们，有哪一个不是冬练三九，夏练三伏？正是由于他们"苦中练"，所以才达到了最佳境界。他们勤奋刻苦为的不就是艺术精湛、台上显贵、技巧熟练、赛场夺魁吗？所谓天道酬勤，不就是上帝帮助勤劳的人去实现夙愿吗？有耕耘就会有收获，只要不懈努力，千方百计地提高自己的实力，就会有一个美好的明天。鲁迅曾说过："哪里有天才？我是把别人喝咖啡的时间都用在了工作上。"这话朴实无华，又真真切切。历史上刻苦攻读的例子很多，譬如"习尽三缸墨，一点像羲之"、"只要工夫深，铁杵磨成针"、"三更灯火五更鸡，正是男儿读书时。黑发不知勤学早，白首方悔读书迟"等等。我们的老书记高占祥不也是在"今明两日之间，子丑二时之后"读书、著书吗？"勤奋者，功必成"，"苦中练，练中精"，这些精辟的语句，深入浅出，雅俗共赏。

《新三字经》另一个特点是经文高度概括，注释准确详尽。经文引经据典，注释逐本求源。读此书对于青少年来说不仅可以陶冶情操，提高自身素质，还可以从中学习到不少中国的历史故事，比如"守琴心，抱剑胆，温而厉，恭而安"。两句 12 个字，似闻琴音缠绵，似见长剑翩跹，如同春风吹面，如看温柔庄严。剑胆琴心是我们经常用来形容柔中有刚、刚柔相济，有情致，有胆识的完美形象的用语。作者对此下的定义是"乃中华民族精神气质的完美体现"。注释中把元代吴莱诗篇《寄董与几》和《论语》中孔子的语录拿出来解释这 12 个字，得体、贴切。文从肺腑出，读后心悦而诚服。"铁可磨，石可穿，攻必克，胜必谦。"这 12 个字中包括两个故事，是唐代诗人李白少时读书，触景省悟，发愤读书的"只要工夫深，铁杵磨成针"和南朝梁陶弘景《真诰》中所描述的一个心坚石穿的故事。这两个故事作者都附录于后。作者引经据典，学富五车，古文白话，运用灵活。文（怀沙）老说《新三字经》既是一册启蒙"小书"，也是一本论述人生哲学、倡建和谐社会、弘扬中华文化的"大书"。这个定位恰到好处，准确无误。

"明人伦，孝第一，家道昌，门风立。对长辈，忌无礼，凡出言，用敬语。虐老人，悖情理，天不容，法不依。父母老，勿嫌弃，若有病，快就医。勤照料，细护理，寸草心，报春晖。"这一单元主要突出一个"孝"字。孝敬老人在中国传统的道德理念中占有十分重要的地位。古代有二十四孝，是儒家伦理思想的核心，是千百年来中国社会维系家庭关系的道德准则，是中华民族传统美德、传统文化之精髓。元代郭居敬辑录古代 24 个孝子的故事，编成《二十四孝》，成为宣扬孝道的通俗读物。《二十四孝》中每一个故事都非常感人。无论是孝感动天的远古帝王舜，还是亲尝汤药的汉文帝刘恒；无论是百里负米的仲由，还是芦衣顺母的闵子骞；不管是卖身葬父的董永，还是扇枕温衾的黄香，都从一个侧面讴歌了孝顺父母的行为。当今构建和谐社会,其中一个主要的内容也是讲孝道。婆媳关系、翁婿关系、父母与儿女的关系都紧紧地围绕着孝与不孝这个核心。作为以构建和谐社会为主要内容的《新三字经》把"明人伦,孝第一,家道昌,门风立"放到一个非常重要的位置,而且十分具体地讲到"对长辈,忌无礼,凡出言,用敬语。虐老人,悖情理,天不容,法不依。父母老,勿嫌弃,若有病,快就医。勤照料,细护理"。中国民情孝顺者占大多数,"虐老人,悖情理"的也不乏其人,古代有雷击不孝之子张继保的故事,今天的"张继保"们也必然遭到"天不容,法不依"的下场。

"真善美,是三金,人之根,国之魂。""德智体,是三好,争三好,是目标。""精气神,是三宝,克敌弓,不可少。""松竹梅,是三友,岁月寒,不分手。""天地水,是三元,养万物,亲自然。""正清和,是三经,践行者,事必功。"三字经中的"三",总结得精辟、精深、精彩、精练、精妙、精美、精确、精致。我并非故意玩弄文字游戏,确实达到美妙至极的程度。"三"中自有精妙处,"三"中自有精辟言,"三"中自有精深语,"三"中自有精彩涵。

毛泽东主席曾说过:"数风流人物,还看今朝。"《现代汉语词典》对"风流"解释为:有功绩而又有文采的。"今朝"是一个新的时代,新的时代需要新的风流人物。"今朝"的风流人物不负历史的使命,超越于历史上的英雄人物,具有更卓越的才能,并且必将创造空前伟大的业绩。高占祥部长在文学艺术界所做出的功绩有目共睹,他的才华横溢在全国文艺界谁人不知?哪个不晓?他不仅曾任中国文化部的常务副部长、中国文联的党组书记兼副主席,更是一位多才多艺的文人,是一位名副其实的高级知识分子。文艺界的老百姓称他是平民部长,他确实是一位没有一点儿官架子的高级领导。早在20世纪80年代,在他担任河北省委副书记的时候,我就有幸近距离地接触了这位才子。他的平易近人、他的风趣幽默、他的精彩讲话、他的漂亮文章,无一不让人肃然起敬。他在文化部和中国文联工作期间,为全国的文学艺术界创造了数不胜数的辉煌业绩。他个人的文学艺术造诣,各门类均达到了接近"今朝"的高峰。他第一个提出"五讲四美"和"德艺双馨",均是构建和谐社会的主要内容。正可谓是"占尽文艺风流处,祥瑞和谐倡导人"。

文章即将结束,我也效仿《三字经》的格式写个结束语:

三字经,经中精。高占祥,人中龙。

做高官,如百姓。才思敏,智无穷。

德载物,万人敬。心善良,品端正。

重人才,护百姓。倡和谐,搞文明。

善诗歌，常吟咏。好文学，写不停。

懂戏剧，尊传统。爱舞蹈，美身形。

醉书法，辟蹊径。喜美术，梦中成。

迷摄影，动中静。多才艺，路路通。

三字经，广传颂。我中华，育精英。

尊公德，讲人性。处世训，要继承。

激污浊，扬清正。摒歪气，树正风。

和谐曲，东风颂。遍神州，大繁荣。

（作者单位为河北省文联）

培养中华民族精神的元气
——高占祥《新三字经》评析

李文中

高占祥同志苦心孤诣创作的《新三字经》，由中国人民大学出版社隆重推出后，在社会上产生了很大反响，但它所具有的深刻价值和影响力还远远没有显露出来，犹如惊响的春雷并不能完全预示春天孕育万物复苏的力量一样，那大地下面悄然运行的春之力，要等到秋天才能收获它丰硕的果实。

《新三字经》丰富地表达着这个时代的信息。她让我们洞察到时代精神的状况，感受到中华民族在世界大背景下的生存境遇，触及我们面临的问题和努力的方向。

1 416字的《新三字经》微言大义，她在一定程度上"究天人之际，通古今之变"，发出多彩的光辉：这是一部富有时代精神的人文经典，是一部富有创新特质的蒙学教材，是一部富有文化意识的人生指南。

一、一部富有时代精神的人文经典

人们一般把高占祥同志视为文化研究权威，而我却更倾向于把他定位于一位人文思想家。文化研究侧重于人的精神产品及其社会化结果，而人文思考更侧重于人的精神性活动本身。文化研究探讨人的精神物化的规律，而人文思考更关注人本身、人性和精神性活动的规律。高占祥同志诚然有20多年的文化领导管理和研究的经验、经历，有《文化艺术管理论》、《社会文化论》、《高占祥文化论》等文化研究著述，但他更着眼于对"人"本身的研究与思考，对人的道德、情感、精神思想境界的建设更为重视。他对"五讲四美"的大力倡导，他的人生哲学系列，他在艺术中对良心、人格的呼唤、讴歌，无不具有鲜明的人文思考的色彩。即便是他的《文化力》一书，也是把人类命运和生存问题，把拯救人的精神和道德信仰当作最初的原点和最高的目标。他最着重提出的富有思想开创性意义的文化先导力，其实也是肯定人的精神、思想观念对经济发展、对社会生产力发展的能动引导作用所具有的价值和意义，这恰恰是一种人文精神的视角。他比一般的文化学者更重视人的精神、思想层面的力量和作用。

《新三字经》不仅仅是着眼于蒙学教育，更是他生命中浸透着的人文精神最集中简明的体现，甚至比他那富有道德教育气息的人生哲学系列，具有更切实的人文关怀。他是把人生问题、人的精神信仰等，置于更宏观的天人关系视野中来思考的："天道厉，地道严"，"天人合，永世安"。针对当前时代状况下人们重物质、轻精神，重物质生活的"量"、轻精神生活的"质"，重实用功利、轻精神信仰等弊病，发出振聋发聩的呼喊："崇人文，尚理性"，"文史哲，世理明"，"精神力，紫气豪"，"民族魂，华光照"。

《新三字经》的人文精神追求，还表现在对人的价值理想实现与社会发展、祖国强盛的统一上："天行健，人自强，生我材，为兴邦"；表现在对传统文化的核心理念"仁义礼智信"的充分吸收和大力弘扬上："兴五常，正纲纪，处世训，应牢记"，"仁者爱，民所喜，义者刚，民所宜。礼者雅，民所需，智者明，民所依。信者诚，民所誉，扬正气，振国威"；表现在对精神、道德价值的高度重视上："真善美，是三金，人之根，国之魂"。

《新三字经》的人文追求具有强烈的时代特性。它没有把政治当做裁决人的价值的最高尺度，而是把政治与文化、道德、社会有机地融合在一起："倡和谐，民所望，兴道德，国运昌"，"人不和，心不齐，志不和，道分歧"，"社会和，少暴戾，民族和，国之基"。与重视经济生产力的发展相比，高占祥更重视文化的精神传承："五千年，文化力，传至今，了不起。"和谐社会建设不再是一幅单纯的政治蓝图，而是充满人文色彩的令人向往的美丽新世界："建小康，求繁荣，兴中华，奔大同。"

经济发展、科技进步、物质生产力的发达，只能说是一个民族和国家的"力气"，而只有道德昌明，信仰坚定，人文精神高扬，精神力强大凝聚，才能培养起一个民族发展进步长盛不衰的"元气"。民族发展的"力气"固然必需，民族精神的"元气"更不可以虚弱匮乏。一个民族的命运，孕育在它自身的精神活力中。民族精神的元气需不断强固调养，才能使民族肌体吐故纳新，抵制各种危害侵袭，从而健康地向前发展。这是《新三字经》之所以被称作人文经典的理由，也是它带给我们的最重要的启示。

二、一部富有创新特质的蒙学教材

在当代中国，对青少年的德育启蒙书籍凤毛麟角。学校德育教材的内容，要么是抽象的概念说教，要么是带有政治宣传意味的普及于全社会的、而不是针对青少年心理成长特点的英雄人物、模范的事迹故事。因为说教抽象枯燥，因为这些故事与广大青少年日常的生活世界和学习环境有很大的距离，所以产生的实际教育效果并不十分理想。即使是对我国古代传统道德文化的继承，也是不系统的散篇断章，挖掘得不够深入，触及得不够全面，发挥得不够透彻。有着丰富精神营养的优秀中华民族道德文化，成了青少年难以下咽的"夹生饭"，而不能彻底消化它、吸收它。

高占祥同志一直致力于青少年的思想政治和道德启蒙教育事业。在 20 世纪 80 年代初倡导"五讲四美"活动，对改革开放初期中国社会的文明进步起到了良好的促进作用。后来，他坚持不懈地创作关于人生道德修养的著述：《人生宝典》、《人生漫步》、《人生歌谣》、《处世歌诀》等，努力改变着道德教育的思维模式。在充分发掘优秀传统道德文化中的闪光点的同时，他还敏锐地针对目前社会上存在的道德教育缺乏连续性、生动性和德育教材缺乏稳定性等严重问题，创作出适合今天时代特点和要求，适应青少年心理特点和需要的，具有生动性的德育教材。

《新三字经》的出版，可以说是了却了他的一个夙愿。《新三字经》正是这样一部把传统美德与时代精神有机融合在一起的，充满着创新特质的青少年道德启蒙教材。

首先，与古代的蒙学教材相比，它在创作宗旨和思想内容上有了重大调整。

在思想内容上，《新三字经》比《三字经》、《千字文》、《增广贤文》、《小儿语》、《弟子规》、《朱柏庐治家格言》、《幼学故事琼林》等多样的蒙学读物有更高的思想立意，有更丰富的文化内涵，从而更贴近社会现实，更逼近人生完整的真相。在秉承古代蒙学重视人与人关系、个人与社会的关系这一思想特点之外，创造性地把天人关系、个人与国家的关系，个人、家庭、国家与世界的关系，简约形象地做出概括，具有鲜明的传统继承和时代创新特点。

与《三字经》作比较，高占祥同志针对当前时代社会背景下，道德素质教育相对于知识教育薄弱、滞后这一急迫问题，从思想指向和创作宗旨上做出了大刀阔斧地调整和选择，使《新三字经》具有强烈的时代感和社会现实意义。

流传甚广、影响极大的《三字经》，虽然也有教育青少年儿童孝敬父母、尊师爱友、互谅谦让等道德启蒙思想，但其更多的内容是劝学和文史知识。《三字经》共 191 句（注：6 个字为一句）。其中道德启蒙内容 26 句，约占全文 14%；劝学内容 84 句，约占全文 44%；经史子集等文史内容 81 句，约占全文 42%。从内容比例上可以看出，《三字经》主要是以劝学和文史知识介绍为主，其所以素有"小《通鉴》"和"袖里《通鉴纲目》"的美誉，也就不足为奇了。

《新三字经》全文 236 句（注：6 个字为一句），其中人生道德启蒙竟占了 178 句，是全文的 75%强，明显地具有道德启蒙的指向，这是一个显著而重要的创新。

其次，在艺术表达手法上更具有文学性。

《新三字经》减少了韵脚的转换变化，使全文更有韵律，更易于背诵吟读。《三字经》共有 40 个韵脚，而《新三字经》只有 20 个韵脚，减少了一半。这具有更强文学意味的手法，增添了《新三字经》作为"经"的思想价值和艺术价值。

《新三字经》与《三字经》相比，也杜绝了字词重复的忌讳。《三字经》中有 6 处"子不学"、"人不学"的重复，"尔小生"、"尔幼学"也都有重复。而《新三字经》却没有这种字词重复使用，显得更为凝练精当。

《新三字经》相对于同时代的德育启蒙教材，也具有创新性。这种创新主要表现在它具有生动性、形象性。对道德、政治的宣传也不再抽象、枯燥，而是以审美趣味来传递表达思想，真正具有"寓教于乐"的教育功能。

如全文的开始，运用起兴、比喻的修辞手法："春日暖，秋水长，和风吹，百花香"，来喻指青少年是祖国的未来和希望，把青少年美好的人生绘制成一幅美丽动人的画卷。"求学路，曲弯弯，路是弓，人是箭"用比喻的手法，形象地警示鼓励青少年朋友在学习的道路上要不畏艰险、勇于求知。

三、一部富有文化意识的人生指南

《新三字经》一书的腰封赫然写着"文化启蒙，人生向导"，这对《新三字经》的评价是相当准确的。高占祥同志曾被评为"中国最具社会责任感的艺术家"。他的社会责任感，他对青少年健康成长的一片苦心，对中华民族文化的复兴和发展壮大国家文化软实力的拳拳之心，在《新三字经》一书中得到淋漓尽致的展现。

正因为这是一部具有人文精神的蒙学读物，所以它对人生的指导也必定是题中应有之义。人在生活的海洋上不是需要人文精神来扬帆远航吗？文化可以立国，文化也可以立身。没有文化意识耕耘的人生，是一片没有开垦的荒土地。

人生在世，立志是第一要务。《新三字经》第一段是全文的总纲，把志存高远同国运昌盛、社会和谐直接联系在一起，这的确抓住了人生根本。一个人只有把自己的理想、自己的命运与社会进步和国家繁荣富强联系在一起，才是正确的、真实的。那种脱离开社会和国家的利益，只谋一己之私利，只计较个人之荣辱得失的人生，是可悲可怜的。

人立志之后，既要有德，又要有才，德和才是志向的双翼，这也是《新三字经》的人生辩证法。当前社会，泛滥流行的是各种人生计谋权术，把投机取巧、拉关系、找门路视为成功的捷径，好像人生就是那么一些机关穴位，只要把握技巧、灵活运用就可万事大吉。《新三字经》呈现给人们的人生境相，是一个须经过千磨万砺、千锤百炼、艰苦拼搏、持久努力的过程。它告诉人们，人生成功无捷径，立志修身长智慧才是不二法门。

修身养性，培养道德人格，世人皆知其重要。道德教科书也不乏对道德教育的重视，可是似乎还没有一本书像《新三字经》这样，把道德教育与伦理教育如此充分地结合在一起来谈。道德首先是在伦理行动中得以集中体现的。人的品质人格首先体现在父母与子女、老师与学生、个人与朋友同事等多重身份伦理关系的社会交往中。没有伦理，就没有道德。我们一直太重视道德理想的高悬，而把日常生活人际伦理的肌体骨髓抽空，替代置入政治说教的血液。这怎么能培养出健全强壮的道德身躯呢？忽视、缺乏伦理教化的社会，道德力量往往是脆弱苍白的。《新三字经》把伦理教育与道德教育紧密联系在一起来谈，是符合人性规律的真学问。

《新三字经》不仅教给人们为人道，还教大家如何处世。大多的人生教科书都是在空洞地教育人们要修养成为一个有道德的人，可是如何修养才能有道德？往往讲得不深、不透、不精。《新三字经》则把抽象的道理形象系统地表达出来："学与思，琢与磨，知与行，相交错"，"雾茫茫，雨纷纷，眼见事，未必真。千里风，万里云，背后语，莫全信。"人生社会不是简单的加减乘除的形式逻辑，而是纷繁芜杂的，极需智慧引导。如果把社会生活的世界说得一片光明，无限美好，这无疑是谎言和陷阱的蒙骗。《新三字经》作为人生的向导，以其真诚的勇气和智慧的力量，向人们指出了人生道路上既有风和日丽，也有荆棘迷雾。

人生指南，首先在于文化意识的真实力量。文化意识真正让人们识别真假美丑，让人们既善于从历史中汲取前行的经验和勇气，也能清醒地面对现实和未来。只有包含着历史和未来的现实，才是真实、完整的人生。文化意识是人生前行的光明和空气，眼睛需要照亮，心灵需要呼吸。经由文化意识浸润的人生，才能拥有真实的幸福和美丽。这是《新三字经》作为人生指南透露出来的深邃隽永的意蕴。

（作者为青年学者）

《新三字经》的审美导向

李冀平

时下林林总总的书店里，琳琅满目的大众图书往往被装饰得绚丽耀彩。我见过一本题为《学经典，读国学》的启蒙读本，封皮五光十色，还用金粉勾勒，插图花花绿绿，连文字套彩也是多色的。同样是启蒙读物，高占祥先生著作《新三字经》（成人版）却透着一缕淡淡的墨香古韵：诗歌、书法、水墨画为一体，互为影响、互相渗透中又互相感悟。

我将《新三字经》介绍给几位记者、编辑朋友阅览，他们共同认为："这本书通俗易记，却又十分高雅，是在中华传统文化审美的氛围中，让成人和孩子们受到中华优秀传统文化和道德的教育。"

经过41稿修改的1 416字的《新三字经》，无疑字字珠玑，语言洗练精当，与之如影随形的是作者本人的书法、绘画，情景交融，它们强化着读者对主体诗文的感受力。我虽对墨宝知之甚少，却被一幅幅书画灵动的笔触、线条深深打动了：《新三字经》不仅是优秀的道德启蒙教材，同时也不愧为高雅的文化审美启蒙读本。

书画宣意情，墨宝见品位。如：

——全文首句"春日暖，秋水长，和风吹，百花香"，起兴舒展，而与之相辅相成的是水墨画《英雄花》，题书"铁骨铮铮傲世界，丹心耿耿献中华"，以刚健、崇高之美为全篇确定一个基调，可谓起笔不凡、立意不俗。

——"极目云天外，志在九霄中"的苍鹰，形象化书法重笔浓墨，以此为"立大志，做栋梁"表意，具有强烈的视觉冲击力，令读者为民族的高远志向而振奋。

——十分打动我的是"守琴心，抱剑胆，温而厉，恭而安"的诗文、书法、绘画组合。寓意深刻的诗文，句句来自典故，相得益彰的是笔法墨气："风云三尺剑，花鸟一床书"，观之好似剑出锋、花鸟灵；一个"书"字，神韵扬动。

——紧扣"真善美"要义，《新三字经》中的墨宝"善"、"竹"、"美"，字字神采，体现出文化底蕴、文人气质。

——能让我触到全篇主题思想"砚池播文明"的，恰恰是一幅扇面书法"笔绘古今情，墨海扬道义"给予我们的美感及美的联想。

为什么我反复提到这本书蕴涵的审美观呢？我常年从事经济新闻采访，但甚为惊诧的往往是一些社会文化信息，如大学生对优秀传统戏曲的恶搞；无聊游戏、恶意操作，"尤以美术为甚"；内地一家餐厅暧昧菜名上了桌："玉女脱衣"、"红灯区"；女大学生以躯体做"盛宴"席；当地"鬼节"文艺表演丑态百出，低俗恐怖；在农村集贸市场上，一些不法商贩，靠地摊儿向农村青少年兜售淫秽读物及一些非法录制的音像制品。我曾见一个幼儿教师买个骷髅头像布贴，说"缝在裤子上，时尚嘛"。假如她戴着这个布贴出现在幼童面前，难道就不担心抹脏了那一双双纯净的眼睛？我还记得，在一个经济发达的城市，幼儿园里流行的歌谣却鄙陋得让家长忧虑："我爸是局长，你爸是科长，你爸给我爸擦皮鞋，明明的爸爸是市长，我爸爸给明明的爸爸擦皮鞋"，"有钱喝酒，没钱滚蛋"等。把成人世界中低俗颓废的人生观编成儿歌传播，难道就不担心玷污了天真无邪的心灵吗？

我们不否认，在这个物质生活日益富裕、文娱活动愈加多彩的时代，每个人都有充分的自由按自己的喜好张扬个性，审美也体现个性化。但上述把丑恶形象当做时尚，把猥琐当做幽默的"伪审美"现象，有悖于民族崇尚的道德精神，并直接影响着青少年的心灵、品格的健康。对此，广大群众已提出质疑。一位家长对我说："我的女儿5岁，受环境影响她学唱了这类歌，虽经教育，但孩子常常反问'妈妈，既然这些歌对人不好，为什么大家还要唱'，让我感到十分烦恼。"还有的通讯员来稿严肃地提出："把'文化垃圾'送下乡，严重地腐蚀了农村的文化阵地，搞乱了农村的文化市场"，"恶搞艺术的行为，以挑战荣辱观作为艺术的观念，以消解荣辱观作为艺术的创新，已经严重影响到当代艺术的形象"等等。可见，广大群众认为此类颓废的文化现象是丑恶的、格调低下的。这就使文化工作者不能不思考："文化启蒙教育要不要渗入高雅的美育？"

社会美育的任务是培养人们正确的审美观，提高欣赏美的能力，通过审美导向，培养人们热爱生活，追求真善美相结合的人生境界。近年来，有的学者提出："好的文科应该浸润高级文化，养成雅致情调，教人争取过有诗意和美感的生活。"

面向大众，应提供什么样的启蒙作品呢？我认为，《新三字经》给予了启示。它以美引真，以美导善，有诗意有感染力地引导我们接受中国传统文化的熏陶。我们中华民族启蒙教育历代就注重"品艺"，而艺苑中的诗、书、画占据重要地位，通过欣赏佳妙的诗句、书法等，感受传统艺术的魅力，增益鉴赏的知识，尤其陶冶审美的情操。许多读者，正是被《新三字经》一页页的诗书画所引导，去再次领略曾巩《墨池记》的境界，去初涉浩如烟海的《中国书法史》，去了解中国书画里博大精深的美学思想，进而走进中华优秀传统文化的圣殿。墨宝，这种有深厚美学价值的艺术，对人们文化素质的提升、审美情趣的引导及滋养作用，是任何时尚的"快餐文化"、华丽外观的"伪审美"都无法替代的。

　　《新三字经》的每一页诗句、书法、绘画都体现着作者的品位，表达着一种审美追求，唯此，我们大众今天才读到了一本高雅的文化启蒙读本。而浸透作者心血的创作本身对读者来说，就是颇有影响力的"人生导向"。

（作者为《新疆日报》高级记者）

胆识与情致的完美体现

李伯韩

"文化"一词，内涵深奥，我无意在此论述，只是一直以来偏爱"化"这个字，觉得它是任何事物经过社会实践后潜移默化地在人们的物质生活和精神生活上产生的一种无形内力。它对于开启民智、批判现实和促进社会发展应有很大的促进作用。在我看来，文化的产生发展和散播延续有一个很重要的元素，那就是真正的"知识分子"的出现。一个社会当中真正的知识分子是不多的，且有大小之分。如在百家讲坛上"一炮走红"的于丹，其本人正是某大学的教授。现如今著作等身、影响巨大的可称为大知识分子，而那些供职于中小学的教师们不少是小知识分子，某些学校的校长、主任未必是知识分子。事实上，知识分子无论大小，其最主要的社会职责是在创造和传播文化的过程中起到关注国家前途和人类命运的作用；否则，也不过是某专业的从业人员而已。就此而言，当今中国文人可称为大知识分子的恐怕是寥寥无几了。

前不久闻听高占祥先生著书《新三字经》，先是一惊，何等魄力和胆识；拜读后更感叹先生乃中国文人中大知识分子！试想《三字经》一书自南宋以来，已有七百多年历史，是我国乃至世界上不可多得的启蒙读物。其言简意赅，深入浅出，读起来朗朗上口，是文化史上的经典。数百年来，虽也有些人写了不少个版本的"三字经"，但较之南宋王应麟的《三字经》相形见绌，更多的人则是望而却步。高占祥先生挥笔书《新三字经》，胆识过人，可谓"剑胆"！高占祥先生好文学，善诗歌，赏戏剧，醉书画，爱舞蹈，迷摄影，几十年著述颇丰。《人生宝典》、《人生漫步》、《文化力》等著作与诗歌、书法绘画集频频与世人见面，深受大众喜爱，皆缘于先生执著创作、笔耕不辍的勤奋精神与广博的学识所形成的深厚文化底蕴。孔子云："志于道，据于德，依于仁，游于艺。"我想此言于高占祥先生甚为贴切。先生以青少年思想道德教育、倡导"五讲四美"之大道为人生目标，依据"仁、德"养天地之正气；"艺"虽只可用来游，但先生也是游于艺的大家，且爱好高古，儒雅倜傥，可谓"琴心"。

　　高占祥先生德艺双馨，非常人可望其项背，今创作《新三字经》，其学术价值和社会影响力与《三字经》相比可雁行，我辈当细心学习，领会内涵，不负先生之苦心。

（作者为青年书法家）

由衷地感动

马贵勇

研读了高部长的《新三字经》，真真是由衷地惊喜，感动，震撼，爱不释手。

《新三字经》，以精到至简的诗歌般的妙语箴言，融入了作者几十年的人生感悟，融入了作者对中华优秀文化的深刻理解，融入了作者对祖国、对时代、对人类大爱至善的真情宏理，融入了作者对青年后生的殷殷期望，融入了作者对真、善、美的咏歌和倡建。反复咏读，反复品味，感动中自有闪闪的泪光。

《新三字经》的语言具有令人惊喜的魅力，充满时代特色和人生智慧，鲜活、亮丽、简明、经典，有一股不可阻遏的冲击力。我在阅读过程中产生了始料未及的怡悦美感，眼睛豁然明亮，喜悦充满胸怀。

《新三字经》引起我精神意识上的大震撼，强大的启蒙、启迪、启示功能，使我很自然地开始了深思、反省的情感性审美，一次又一次地完成着精神的提升，获得了智力上的深刻磨砺和感悟。

《新三字经》是作者人生经验的凝聚和喷发。作者把经过千百年岁月淘洗而留传下来的中华文化之精华和伟大的时代精神，紧密地结合在一起；把责任、使命、正义、良知紧密地结合在一起；把真、善、美紧密地结合起来，像一股甘甜的清泉喷发而出，润物无声地滋润、净化、纯洁着我的心灵。

《新三字经》把深刻的哲学作为潜在的背景，隐性思辨穿插其间，强大的冲击波辐射而来，既有血性的涌动，又有半掩半露式的"寓言"，她的震慑锋锐，更像针灸直穿穴位。

《新三字经》全书，不仅分朗读、注释两篇，附录、后记俱全，而且将作者的书法、绘画、摄影作品点缀其间，图文并茂，锦上添花，真真是处处为读者着想，尊重读者的人文关怀可感可颂。手捧《新三字经》反复诵读，反复品味，精气神俱佳，韵味趣皆妙，真真是由衷地惊喜，感动，震撼，爱不释手。

（作者为陕西电视台机关工会副主席）

为《新三字经》叫好

魏殿通

大名鼎鼎的高占祥以其虚怀若谷、勤奋耕耘、知识渊博，被国学大师文怀沙老先生誉为"文化苦行僧"，可谓是名副其实。

2007 年春天，占祥同志出版了《正义之春畅谈录》、《燕赵之夏畅谈录》、《红楼之秋畅谈录》、《沙滩之冬畅谈录》、《吉祥仲春畅想录》等六部选集，同年秋天又出版了《文化力》一书。说实在的，这些书我虽然没能一一细看，但作为曾经同在北京 541 厂一起工作过的老同事，我为占祥同志这种勤奋学习、工作的精神所感动，也为有占祥这样一位老厂友、老领导感到骄傲，受到鼓舞。

在我正想占祥同志这些年出了那么多书，为社会做了那么大贡献，那么辛苦劳累，应该好好休息休息的时候，2008 年 5 月我又见到他倾力撰写的供青少年和成年人修身养性的文化启蒙读物——《新三字经》。我把这本正文只有 1 416 个字，作者却先后修改了 41 稿的"小书"反复看了几遍，深感这是一本集文学、绘画、书法为一体的不可多得的好书。好就好在它言简意赅、合辙押韵、深入浅出、生动流畅；好就好在它论述了人生哲学，弘扬了中华文化，循循善诱地教导读者怎样处世做人，鼓舞人民信心百倍地去构建和谐社会，努力实现中华民族的伟大复兴；好就好在它在"注释篇"里每页除了四句正文外，还有详细的注释以及精辟的提示和警句，便于读者理解；好就好在书中配有占祥同志的绘画、书法和摄影精品，图文并茂，给读者更多的艺术享受；好就好在它还附录了老《三字经》（增订本）和《三字经易解》，可让人温故而知新；好就好在它给一些旧词赋予了新意，比如成语"紫气东来"，本意是指所谓祥瑞之气、吉祥之兆，而占祥同志却将和气、锐气、人气、士气、福气、运气、豪气统统纳入到紫气之中。再如"三纲五常"中的"五常"也叫"五典"，原是封建社会道德规范的一种说法，指的是父义、母慈、兄友、弟恭、子孝，另一种说法是指仁、义、礼、智、信，而高占祥采用了第二种说法，并把仁、义、礼、智、信解释为宽厚、正直、谦让、才能、诚实，定为五条为人处世的准则。通读全书，我受益匪浅，开阔了视野，丰富了知识，懂得了文化力就是文化的生产力、影响力、传承力和牵引力，是推动人类社会发展的永恒动力，懂得了精神力就是一种重要的无形力量。人的精神力就是精气神，有了精神力就能精神饱满地去干事业，以乐观主义精神去克服生活中遇到的各种困难。

掩卷深思，或许从字数来讲，《新三字经》确确实实是一本小书，但它的知识含量、艺术特色、社会功能，又无疑是一部"巨著"。从《新三字经》中，我仿佛看到了占祥同志的影子，因为他的人生之路就是一部精彩的大书。

（作者为北京印钞公司退休干部）

精神力的赞歌

王学志

在我小的时候，就知道了高占祥这个名字。后来，参加工作进了国营541厂（现更名为北京印钞公司），听师傅们讲起高占祥老师当年在厂学习、生活、工作的情景，特别让我感动，听得也特别过瘾。而且，我还经常从新闻媒体看到占祥老师在团中央、河北省委、文化部、全国文联担任领导时，为青年工作、思想教育工作、文化艺术工作所做出的重要贡献，及他在文学创作、书法、摄影、舞蹈等方面取得的成就，对此我充满敬意，心里也常想要是能当面聆听占祥老师的教诲该有多好呀。

最近，我得了一本高占祥老师著的《新三字经》，真有读其书如见其人之感，仿佛听了一堂深入浅出、生动有趣的传统文化和思想道德课，又好像和占祥老师进行了一次思想沟通和交流。通过学习《新三字经》一书，我更加真切地感到占祥老师既是一位德高望重、诲人不倦的老领导，又是一位多才多艺的学者、艺术家。

《新三字经》是一本非常好的书。它对人生的深刻感悟、对人们社会生活的崭新理解、对人类与大自然如何更好地和谐共处等等，都映射出灿烂的思想光芒，发人深省，催人奋进。此书1 416字，文字精练，内容丰富，通俗易懂，哲理性强，富有深刻的教育意义。它不仅对青少年、成年人来说是一本应该认真学习的好书，同时对加强中国特色社会主义思想道德建设、文化建设、政治建设都具有重要的现实而深远的意义。拜读《新三字经》，字字句句都给我留下了深刻的记忆。其中我读到"精气神，是三宝"一节体会更深。正如占祥老师在书中所讲，精神力是民族之魂，是国力之根。我不禁联想到"5·12"汶川大地震，党中央、国务院、全国人民心系四川灾区百姓，共同唱响了"精神力，紫气豪，民族魂，华光照"的壮美乐章。当胡锦涛总书记、温家宝总理等党和国家领导人，冒着不断发生的强烈余震亲临灾区，指挥抗震救灾时，灾区的百姓真真切切感受到什么是真情和大爱；当解放军、武警部队、消防官兵、预备役部队、民兵冒死进行救援，抢救出一个个鲜活的生命时，灾区的百姓真真切切感受到什么是真情和大爱；当全国人民纷纷慷慨解囊伸出援助之手，当义务献血车前成千上万的青年排成长龙时，灾区的百姓真真切切感受到什么是真情和大爱。当 5 月 19 日 14 时 28 分，举国上下向灾区遇难群众伫立默哀时，当大江南北发出"中国加油"、"四川加油"的呐喊时，此情此景，它是"真在情"，它是"善在心"，它是"美在意"。这正是"一人力，难经风，百人力，能抗衡"的写照，这正是"千人力，大无穷，万人力，四海宁"的证明，这正是"家庭和，民族和，社会和"的真实反映，这正是"和合力，胜金玉，和生祥，彩云归"的壮美画卷。

我赞美精神力。对于一个精神力十足的人来讲，就等于有了强大的动力和信念。曾记得邱少云烈火烧身，不动丝毫；曾记得黄继光奋不顾身堵枪眼，不惧牺牲；曾记得董存瑞高举炸药包，发出为了新中国前进的呐喊……一切的一切，都是精神力的作用，这种精神力都是源于为了实现他们心中的美好愿望——共产主义，都是源于对祖国、对人民的深深爱戴，源于对中国共产党的赤胆忠诚。

在奥运赛场上，各国健儿奋勇争先，全力拼搏，描绘出一幅幅感人的画卷。他们为了祖国而战，他们为了民族而战，他们为了荣誉而战，他们为了挑战人类极限而战……一项项记录被改写，一个个记录变成历史。这就是"更快、更高、更强"的奥运精神的真实写照，这就是精神力的充分体现。

我联想自己所从事的事业——印制事业。1949 年春天，北钞工人为支援解放军大军南下，积极响应上级发出的"解放军打到哪里，人民币就要发行到哪里"的号召，在印钞设备落后、生产条件很差的情况下，我们的工人师傅受到"支援大军南下，解放全中国"精神力的鼓舞，克服了难以想象的诸多困难，确保了人民币的发行任务，在中国印钞史上书写了光彩夺目的篇章。

我联想到自己的工作岗位，也要有精神力的支撑。这种精神力就是对自己所从事的工作——工会工作的深深的爱，这种爱要永远有一颗为公司、职工服务的赤诚之心，从而实现工作上的不断创新、不断超越。这种创新和超越来自于爱的精神力的积极作用，来自于爱的精神力的强大支持。

"不论是国家还是个人，只要有了精神力，祥光瑞气就会来临，就可以豪迈起来。一个民族有了崇高的民族精神，就有了自尊，就有了威望。"一个国家不能缺少精神力，一个民族不能缺少精神力，一个人不能缺少精神力。精神力是民族之魂，是国力之根。

（作者为北京印钞公司工会副主席）

浅谈《新三字经》的文化价值

陈自忠

当我合上这本带着亲切油墨芬芳的新书的时候，几乎忘却了时间在不经意地流走。我的思维一度遭到了极大的冲击，灵魂经受着智慧的洗礼，精神得到了一次最新的集中升华，凡此种种，高占祥老师的《新三字经》功莫大焉。

《三字经》以其言简意赅、脍炙人口的语言风格，成为广大知识分子的经典读物，更成为一本思想启蒙的盛典，至今仍是中华传统文化传播和道德教育的先锋与旗舰。《新三字经》则充分汲取了《三字经》的"精神"和"灵魂"，是对《三字经》的时代解读，又是《三字经》的继承和发展。它紧密结合时代特征和社会主义先进文化的特点，注重思想启蒙和社会教育，既寓于传统文化价值的传播、传承，又致力于"新文化"的引导、引申。《新三字经》是在新时代新时期的社会背景和历史条件下，学习、领悟中华灿烂文明和悠久道德文化的绝佳阵地和途径，是塑造品格和创新思想的上品。

在当代中国，社会生产力得到了极大的解放和发展，物质生活水平正在以前所未有的速度提高和改善，中国人民从来没有过像今天这样从繁荣的物质文明中获得的幸福和满足，我们得益于国家的昌盛、民族的复兴、时代的进步。然而，当我们蓦然回首走过的岁月，冷静观察周围环境的变迁，竟然发现我们的内心有时候却是那样的迷茫，我们的理想竟然也是那么的模糊和捉摸不定，又似乎冥冥之中已经丧失了或正在丧失着对生命价值不懈塑化、对生存意义不断拷问、对传统文化一贯继承和弘扬、对思想和智慧不断追求进步的能力。我们似乎什么都不缺了，又似乎什么都很缺。越来越丰富和繁荣的物质生活促发着更加多元化的精神世界，我们的价值观念和心理架构无时无刻不经受着环境的渗透和影响。我们需要一个符合时代特征的经典、展现最新时代潮流和先进文化的"圣经"来"统治"我们的思维，开化我们的智慧，让轻浮的内心稳稳地沉淀下来，让狂躁的内心静静地淡定下来，《新三字经》及时出现了，它就是我们所需要的"圣经"的优秀代表，是我们新的人文经典。它带着强烈的传播先进文化和进步思想的使命感和责任感横空出世，激荡和拍打着时代文明的脉搏，处处散发着智慧的光芒。

在现代社会，人们被各种各样缤纷繁杂的事务所缠绕，每日都像包裹在一股庞大的洪流之中，必须随着这股洪流去加速运转，唯恐步伐缓慢而被抛弃在"生门"之外。生活以其巨大的丰富性和深邃性教育着我们，我们的生活宽裕了，生活范围和生存空间却狭窄了，生活总是单调而富有规律地重复和循环。我们像蚂蚁一样终日攀爬在生活这本大百科全书的十字架格上，经常性地迷失自己的目标和方向，对于社会价值和生活意义的理性思辨和哲学思考似乎在某种程度上有些许的淡漠。于是，我们不得不时常从前人和历史的某些角落里找寻和搜集激情和灵感，我们是多么渴望能心静如水地去思考和重新审视世界和自我，找回遗失很久的淡定和从容，以及一种对生存哲学的理性回归和对生活意义的自我解读。我们的心灵渴望得到净化和洗礼，让"平庸"的岁月迸发闪亮的光辉，让孤寂的内心燃烧智慧的火焰，永远富有激情和力量。幸好我们有了《新三字经》，它是文化的启蒙和人生的向导，指引、塑造和优化生活的宝典和指南，必将成为普及经典的成功典范。

优秀的民族文化需要传承和延续，和谐社会的建设需要和谐文化的引导。《三字经》是学习中华传统文化不可多得的启蒙读物，然而受历史局限，该书残存着一些封建等级观念，渗透着封建文化中的一些消极乃至颓废的东西。《新三字经》吸收了中国传统文化的精华，同时将新时代的和谐主题融入其中，堪称文化启蒙、人生励志、传授经验、思想教育的新经典，是高占祥老师的又一力作，集中体现了作者文化战将的风范和深邃智慧的崇高魅力，值得我们去深入学习和研究。

（作者为北京印钞公司青年干部）

小书可有大作用

林　青

　　我出生在"文化大革命"时期。家中三姐妹，只有妈妈带着我们，度日艰难可想而知。遇到吃的东西少，妈妈总是讲"融四岁，能让梨"的故事。我们不好好读书，妈妈就给我们讲"囊萤"、"映雪"，讲"锥刺骨"的故事，激励我们发愤图强，努力学习。妈妈待人总是十分和善、友好，大约就是受"人之初，性本善，性相近，习相远"这一《三字经》内容的影响，对不同性格的人，她都能以礼相待，和平共处。

　　妈妈虽然是在哈尔滨师范学校毕业的，但连《三字经》都没见过，没读过，她是从老人口中接受下来这些文化道德理念且自然不自然地指导自己的思想行为，形成一种文化定势。我想，这就是文化传承，这就是文化积淀。有时一句话、一个典故、一个观点，可以世代相传，可以潜移默化地指导一个人一生的轨迹。以前，由于文化传播受到当时条件所限，很多人不是先进学校读了经典之后再工作、生活，而是在生活中自觉或不自觉地接受一些传统思想观念的熏陶而立之于世的。

　　这次，我有幸拜读了高占祥先生的《新三字经》，感觉受益匪浅，并借此机会翻阅了老《三字经》，两相对照，感触良多。

　　《三字经》体现了古代朴素而深刻的教育思想。它认为人本善良，但随着环境的变化人性也会变迁，所谓"人之初，性本善"，"苟不教，性乃迁"。而且，人的个性也不相同，"性相近，习相远"，因此，必须施以教化。在教与学中，"养不教，父之过，教不严，师之惰"，指出了家庭与社会的教育责任。而被教育者要自觉刻苦地学习，要如"映雪"似的夜读，如"挂角"般忙里偷闲地学，如"锥刺骨"般地苦学，如苏老泉似的不管年长与否都要学。学成"知谦让"、"首孝悌"，为国尽忠尽力的人才，"尔幼学，勉而致"。

　　《三字经》内容多是对青少年应读典籍的介绍；对刻苦读书的精神、读书成才的典型人物的褒扬；对中华五千年的历史发展、朝代更迭叙述的比重较大，使青少年在启蒙时，对中华民族发展史有一个梗概的了解与掌握；对其他人文、地理、天文、伦理、道德等方面，也有简要的叙述，为青少年一生的成长奠定了比较全面的知识基础，也易于学习其他方面的知识，对形成世界观、道德观有着不可低估的作用。

"三字为经"，是诗中语句最短的形式。因为字少，有韵，音节响亮，深入浅出，易读易记，符合青少年记忆、背诵的特点，好学习，好普及，也好传承。其实《三字经》不仅适合青少年读，也适合于广大群众学习、育化、提高。这对中华民族传统美德的形成与发展，有着潜移默化、春风化雨的重大意义。"三字经"这种形式是一种文化创举，是文化宝典之一。因此，几百年来经久不衰，被联合国教科文组织列入《世界儿童道德教育丛书》，成为世界文化典籍的组成部分。

时代跨入 21 世纪，商品大潮涌动，多元文化激荡，新的理念、新的道德、新的人文与传统文化道德发生了强烈的冲突，其结果是在新形势下形成新的融合、新的时代精神与道德观念，从而形成新的人际关系与行为方式。旧的说教与启蒙只能吸取其适应部分，扬弃过时的内容。旧的不是一切皆好，新的不是一切完美。要与时俱进，革故鼎新，光大常读常新的，清理过时落伍的，充实富有时代气息的。这是时代的召唤。

真是"江山代有才人出"。具有传奇色彩的高占祥先生应运而出。高老今年 73 岁，是我国著名作家、诗人、文艺评论家、书法家、摄影家，是集多栖艺术才华于一身的当代大学问家。他的文学艺术作品、青少年修养读物、人生感悟等专著多达 73 部，平均每年一部，以书相叠，超过身高。不仅在文化方面是巨擘，还曾任中国文联党组书记、文化部常务副部长、河北省委副书记、共青团中央书记处书记，是位出色的政治家、教育家。他的思想一直保持着领先时代的特质；他的著述一直与时代跳着同一脉搏。在反腐倡廉斗争的大是大非面前，他创作《咏荷诗五百首》，以诗疾呼，倡导清廉，弘扬正气。"神六"升空，他挥毫写下千古名赋《和平颂》；"神七"飞天，他又高歌航天英雄，创作了《航天颂》。

他政治上的成熟、才华的充溢、人生阅历的丰富、对中华民族的挚爱与希望，特别是对青少年教育的高度责任感、使命感，使他创作了《新三字经》，曾易稿 41 次，反复推敲，字斟句酌，千锤百炼，推出了这部跨时代的经典。

我们可以骄傲地宣布：新世纪我们中华民族有了一部新经典——《新三字经》，它给青少年提供了一部必读必学的优秀启蒙读物，是青少年教育的良师益友。

《新三字经》沿用《三字经》的特点，即三字一句，有韵，上口，深入浅出，节奏鲜明，以事喻理，针对青少年心理、生理特点而作；但《新三字经》

较老《三字经》有以下创新与发展：

一是强烈的时代性。比如"倡五讲，揭新篇，尊四美，扬新帆"，指的是搞好青少年乃至全国的"五讲四美"精神文明建设活动；"慎开发，节能源，播绿色，种福田"，把生态建设、绿色环境、绿色食品全都写进去了；还有"莫赌博，勿喧闹，远毒品，斥黄妖。戒网瘾，防泥沼"，劝诫青少年切不要养成赌博、吸毒、上网成瘾等毛病，身心健康地成长。文中还首次把"文化力"一词写入，把文怀沙先生提出来的"正清和"也写入文内，使时代气息更加鲜明。

二是博大的知识性。青少年时期是一生的知识筑基期，青少年会像海绵吸水一样吸纳各种文化知识。正是适应青少年这一特点，新老《三字经》都有教育、天文、地理、历史、伦理、道德等方面的启蒙，尊师重教也一脉相承。然而，《新三字经》知识含量更加丰富、充实，如文怀沙先生所说"笼天地于形内，挫万物于笔端"，真是上下五千年，纵横八万里，从心理活动到大千世界，从人生起步到终生奋斗，从修身、齐家、治国、平天下到弘扬中华文化，构建和谐社会，无所不包，在短短的 1 416 字的千字文中，涉猎诸子百家、名人贤文、历史典故，逾百条之多。像这么短的文章，蕴含如此丰富的信息与知识，是各种当代典籍著述中所仅见的，这不能不令人惊叹。

三是实用的喻理性。古人说，读书明理。较之老《三字经》，这一点在《新三字经》中体现得更为突出。老《三字经》中，中华民族历史的变迁占用了很大的比重，集中叙述的就有 70 多句、200 多字。由于现代文化传播方式多样化，诸如电视、电脑、光碟等电子传输手段的普及，以及各种画册、图书、报刊等已把五千年的历史变迁向青少年作了普及，所以《新三字经》不再将此作为重点。同样，老《三字经》关于古代先贤们刻苦读书的人物事迹不再鲜为人知，《新三字经》对此方面的内容也没有多述，这既避免了雷同，又为开辟新意提供了思路与篇幅。在新世纪，青少年该怎样知与行，该怎样安身立命，树立什么样的人生观与价值观。这些理性思辨正是当代青少年恒久的思索。作者正是针对这一客观需求，在理性思考中为青少年写下大量的箴言，比如"真善美，是三金"，"精气神，是三宝"，"松竹梅，是三友"，"正清和，是三经"，从接人待物、处理家事、孝敬老人、学习励志、明辨是非、塑造人格、理财获利等方面事无巨细，悉皆有论。

四是优美的可读性。"三字经"主要是供孩子背诵的，因此，必须朗朗上口，语言精练，有着不可多得的语言美、意境美、思想美。这一点《新三字经》较老《三字经》有过之而无不及。笔者不厌其烦，将新老《三字经》写于纸上，展于案头，这边念"人之初，性本善，性相近，习相远"，那边是

"春日暖，秋水长，和风吹，百花香"，老《三字经》从人性引入，而《新三字经》从起兴入手，各有所长。但《新三字经》很快写到"立大志，做栋梁"，"生我材，为兴邦"，直接提到立志问题，较之老《三字经》更高一筹。像写到尊师重教，"我学子，重师礼，感师恩，为人梯"，"燃红烛，化春泥，呕心血，育桃李"，为人们描绘出一幅幅"春蚕到死丝方尽，蜡烛成灰泪始干"、"落红不是无情物，化作春泥更护花"的生动画面。这些语句创造出来的意境美，符合青少年追求真理、天真烂漫的思想特征，容易被他们喜欢而诚心接受，像"男儿品，贵似金，女儿魂，洁如云"，像"松有志，不倨傲，竹有节，不折腰。梅有香，不争俏"等等，不胜枚举。

这部《新三字经》，还可以概括出一些创新的方面，但因篇幅所限，不容冗长。

高占祥先生创作的《新三字经》已经是千锤百炼，堪称精品，但笔者认为仍有继续锤炼之必要。比如书中"眼见事，未必真"，与人们常说"耳听为虚，眼见为实"相背，容易产生歧义，改成"眼见事，必求真"更好。这样，可以透视现象，廓清本质。如果眼见事都不一定是真的话，该让青少年怎样判断事物？青少年毕竟是孩子，更深层的思辨还待长成之后形成。

新、老《三字经》，是我国古今文化史上两块璀璨的瑰宝，它们交相辉映，使华夏文化更加光彩夺目。青少年、广大读者，我们在阅览百科之书的同时，一定要诵读《新三字经》，并按经典指引去实践，去成长。千字文的"小书"可有大作用。

（作者为黑龙江省青联委员）

一本真正走进平常百姓生活的书

李 青

非常有幸，我代表朝阳区八里庄街道妇联大众读书会参加了高占祥同志《新三字经》的首发式，接受了高老赠给读书会的 200 本《新三字经》，当时那种激动的心情真是难以言表。我们的读书会是依托妇联组织、群众自愿参加、缴纳会费购买书籍杂志共同学习的群众组织。我们的会员既有机关干部也有社区居民，既有老人也有孩子，绝大部分都是喜欢读书学习的普通居民。不经意间，高老的《新三字经》悄悄走进了社区普通百姓的生活。

在拿书回来的路上我草草翻了几页，没顾上仔细看，等我再去读书会借书时才发现上架的几十本书早就被借走了。我也赶快借了一本，抓紧一切时间仔细阅读，去寻找这本书吸引人的秘密所在。

《新三字经》是著名作家、诗人高占祥仿照中国古代教育经典《三字经》撰写的千字韵文。全文计 236 句、1 416 字，分开篇、民意、尊师重道、学习、讲礼仪、五常、真善美、德智体、精气神、重友谊、天地水、正清和、五讲四美等 13 个部分。

从一个普通居民的角度来看，这本书的最大好处是通俗易懂、朗朗上口。再好的书，如果过于晦涩难懂，恐怕也会被束之高阁。而这本《新三字经》却恰恰相反，三字一句，几乎没有难懂的字和生僻的词，那些道理深入浅出，可能平时我们就挂在嘴上，但是缺乏梳理。本书可以说是字字珠玑，每个字都闪着光彩，难怪许多大爷大妈都爱不释手，很多时候会脱口而出。

"青少年，有理想，立大志，做栋梁。"——老人在教育小孩。

婆媳不和了，隔壁大妈来劝解，她会语重心长地对媳妇说："家庭和，万事吉，父母在，儿孙福。"——提醒年轻人要尊敬老人。

更有结合当前形势劝诫年轻人的话——"莫赌博，勿喧闹，远毒品，斥黄妖。戒网瘾，防泥沼，陋习俗，应改掉。"

邻里有了纠纷——劝诫双方要"省吾身，思己过"。

喜迎奥运，教育我们的志愿者在上岗期间要保持良好的体态——"站如松，坐如钟，卧如弓，走如风。"

最振奋人心的莫过于对国家繁荣昌盛的向往与祝福——"建小康，求繁荣，兴中华，奔大同。"

书读百遍，其义自见。一本书要想真正走进人的心灵，并最终内化为人的精神，反复的诵读是必不可少的。《新三字经》就是这样一本书，用最平实的语言，讲了最深刻的道理，通俗易懂，朗朗上口，让人们在不断的朗读中慢慢体会，慢慢领悟，最终走进人们的心灵，走进每一个普通人的生活。

（作者为北京市朝阳区八里庄街道妇联干部）

一本开展学生思想品德教育的好书
——《新三字经》读后感

任海英

我是一名打工子弟学校的老师,作为一名负责开展学生思想品德教育的班主任,经常发愁没有好的教学素材。《新三字经》出版后,作者为我校学生捐赠了 200 本。校长阅读完此书后,感慨万千,称这是一本开展学生思想品质与道德教育的好书,我们可以把这本书纳入到我们的日常教学中来。如果把这本书学好,学生能够悟出这本书的道理来,他必将成为一名合格的小学生,将来也会成为社会和国家的栋梁之材。我迫不及待地翻阅了此书,文中的一字一句深深吸引了我。作为一名教师,教育学生如何做人,做一个好人,做一个有用之人,是我们的职责,这本书不正是我们手中很好的工具吗?不正是学生的人生指路标吗?

时代在进步,社会在发展,学生会受到种种社会因素的影响,不同的理念随时会影响到孩子的发展,那么学生的思想教育就成为我们教学工作的重中之重。《新三字经》将中华民族传统美德、社会主义道德规范、现代文明修养融于一体,每一字每一句都让我们深思。全书生动活泼,合辙押韵,朗朗上口,富有时代气息,内容通俗易懂,还配有注释,学生很容易理解和记忆。

文中每一字都渗透着浓厚的现代教育理念:一开始"立大志,做栋梁"进行了人生励志教育,让青少年树立远大理想和抱负;"我学子,重师礼,感师恩,为人梯"进行了尊师重教的教育,同时也渗透了感恩教育;接下来又用"成于勤,毁于惰……学中品,品中升,苦中练,练中精"告诉大家应该如何学习;"知荣辱,习礼仪……遵公德,守纪律"让我们树立正确的荣辱观,并进行礼仪、社会公德的教育;"两分法,辨是非,三思行,慎有益"进行学习、生活、工作处事的教育;像"五常"、"真善美"、"孝顺"这不可缺少的中华民族传统美德,在书中讲得淋漓尽致;"德智体"、"精气神"、"五讲四美"是对人综合素质的评定与要求;"赌博、毒品、网瘾、色情"这些不良嗜好易对青少年造成肉体与思想上的毒害,文中也引导青少年以崭新的精神风貌去创造美好的新生活,富有时代气息;"重友谊"教育大家如何去交益友；"团结、环保、和平"等等，有关"教"和"育"的观点与方式无不在书中有所体现。

读完此书，我对开展学生思想品德教育又有了自信与力量，因为我又受到了一次精神的洗礼。我将把这本书融入我的教学工作中，用它的哲理、社会经验、现代文明修养来影响我的学生，把他们培育成为有涵养、有高尚情操的一代新人。

（作者为北京市海淀区行知实验学校教师）

指引我们前进的启明灯
——读《新三字经》有感

曹 倩

近期，中国人民大学出版社出版了高占祥著的《新三字经》。提到这本书，不得不提到书的作者——现任中华民族文化促进会主席的高占祥同志，他是著名作家、诗人、文艺评论家、书法家、摄影家，曾任中国文联党组书记、文化部常务副部长、河北省委副书记、共青团中央书记处书记等职务。

有着如此丰富的人生经历的作者，必然积累了更为丰富的人生经验和人生哲理。而这些人生精华浓缩成共236句、1 416字的三字韵文，于通俗的释注中蕴含哲理，于高深中见平凡，无怪乎此书被文怀沙先生称为启蒙的"小书"，论述人生哲学、倡建和谐社会、弘扬中华文化的"大书"。

背诵三字经还是在幼儿时期，因而刚刚捧起《新三字经》这本书，有一点诧异，不明白一本类似于幼儿启蒙教育的图书，何以会对人生有着更为深刻的启发。但细读之下，才发现在《新三字经》中，正有作为当代大学生所追求的人文精神。

从形式上，作者对每句话所蕴含的深刻含义都做了详尽的注解，并提取书中核心概念进行重点提示，便于读者抓住重点。另外，《新三字经》以白话取代文言，用现代白话文的形式表述，通俗易懂，朗朗上口。更为重要的是，这本书时代气息浓厚，体现了与时代同呼吸、共命运的特点。

《新三字经》中既有传统道德中最宝贵的要素，如"成于勤，毁于惰"、"言必行，行必果"、"慎褒贬，善恶分"等等，又根据当前学生中存在的问题，提出了非常切实的道德期望，如"德为上，智为高"、"戒网瘾，防泥沼"等。所有这些，都反映了当代社会发展的缺失和时代的呼唤。

这是一个高速发展的社会中，但在令人瞩目的成就背后，我们不得不承认，我们也恰恰处在一个浮躁的社会中。作为在校的大学生，我们被称为天之骄子，可是种种的浮躁风气已经蔓延到了大学，因而，我们在渴望与高速发展的社会接轨的同时，也在潜意识里希望得到人文经典的浸润。而《新三字经》的重点恰在于为振兴中华立志，其中蕴含着人生的箴言，强调道德品格的修炼，包含了如何对待名利、成败、胜负、贫富、毁誉、正邪、清浊、友谊、礼仪等许多处世原则。这些对处于时代旋涡中心的我们来说，就如启明灯般指引着我们前进的方向。

（作者为中国人民大学新闻学院学生）

我教三岁女儿学《新三字经》

李继伟

2008 年 5 月，高占祥著《新三字经》面世后，可谓一石激起千重浪，引起了各界的广泛关注。后来，针对中小学生接受知识的心理特点，又出了学生版《新三字经》，书中加入了一个个生动的小故事和思考问答题，并绘制了大量彩色插图，凸显了启蒙读物的风格，让人爱不释手，特别受到学校小朋友的欢迎。

我作为高占祥工作室的一名工作人员，对高部长的为人和写《新三字经》的过程都有些了解，知道为了"青少年，有理想，立大志，做栋梁"、"兴道德，国运昌"，他以深厚的文化功底和强烈的社会责任感，呕心沥血，把浩如烟海的传统文化知识、道德规范与时代精神结合起来，浓缩在这本千字经文中。它确实是一本文化启蒙、人生励志的好书。

《新三字经》出版后，我在学习的过程中，自然想起我三岁的女儿。我和天下的父母一样，为了孩子，不惜花费心血、精力和财力，盼望宝宝将来长大成材。而孩子健康成长，一个重要的方面就是身心健康。女儿现在虽然年龄还小，可是正处在长知识阶段，如果从小就教她学《新三字经》，可能很多内容还不理解，但"人之春，在少年，光阴迫，惜时间"等警句格言能在她幼小的心灵上打上印记，将会受益终生。我国古代启蒙教育的优秀代表作《三字经》，很多家长、老师对孩子从小就进行口传心授，因而对他们心理、性格、精神的塑造起过很好的作用。

于是，为了教育自己的孩子、与之共同成长进步，我便进一步研读起这本《新三字经》，并试着教孩子理解、朗诵书里的内容。由于宝宝还小，我按照循序渐进的原则，一有空就带孩子一起大声地朗诵"春日暖，秋水长，和风吹，百花香……"。有时，我还给她讲书里的小故事，她也很感兴趣。为了让宝宝对《新三字经》产生兴趣，有时我们还像表演节目那样声调抑扬顿挫地朗读，再配上一些肢体动作，表情丰富夸张，尽力让宝宝感受到一种生动活泼的气氛，能够在玩的同时学到知识。

别看女儿小，有的时候一天就可以记住四句。现在宝宝在我的耐心教导下，大约能背50多句《新三字经》了，虽然还不能完全理解其含义，但有的句子她也知道大概意思。如学了"我学子，重师礼，感师恩，为人梯"及"对长辈，忌无理，凡出言，用敬语"后，一次大人着急对她发脾气，她就说"要讲礼貌，不要发脾气"。有时我下班一到家，她会小跑上前问"妈妈累不累，来我帮你按按。"说着她的小手就在我胳膊上捶捶、捏捏。记得还有一次周六的早上，她比我起得早，跑到我的房间上床把我拍醒了，边拍边说："妈妈，我拍你，你再多睡会儿吧。睡醒了再教我学《新三字经》好吗?"看着她那可爱又懂事的样子，我好高兴。事实证明，越在一种轻松愉快的氛围里学习，宝宝越容易和愿意接受新知识。我感到学习《新三字经》对于宝宝开发思维、锻炼记忆力、明白事理都有好处。同时，教孩子的过程，也是我学习和提高的过程。

现在，我教孩子学习《新三字经》有了一种小小的成就感，同时也进一步认识到，作为思想文化的传播载体，《新三字经》不应被束之高阁，而应让它在人们的心灵里生根，最有效的方法就是从娃娃抓起。今后我要继续关心孩子学习，让她从小多学点儿包括《新三字经》在内的好书，为孩子将来的成长奠定牢固的思想道德基础。

（作者为高占祥工作室工作人员）

喜读《新三字经》

张文麟

启蒙教育重如山，
三字真经第一篇。
恰似清风频入袖，
宛如春雨细融田。
栽培心上莹莹地，
涵养胸中艳艳天。
敬业修身无老幼，
相期旧貌换新颜。

（作者为高级工程师、诗人、学者）

三字叠成千载韵

——观看黑龙江双城"万人吟诵《新三字经》"有感

空林子

秋霜不改寸心红，
豪气腾腾漫碧空。
三字叠成千载韵，
万人诵作一时风。
归闲未必甘归老，
立德从来胜立功。
且看抚髯夫子笑，
吟声相继有儿童。

（作者为画家、诗人）

中华一长工

李 林

古稀占祥公，心似少年同。
德言功惊世，昼夜仍勤耕。
开掘文化力，三字铸真经。
头衔屈指数，中华一长工。

（作者为高级经济师）

辑 三

传 媒 观 点

>>> >>> >>>

传统文化的当代创新

5月14日，由高占祥同志倾力创作的《新三字经》一书的学术座谈会暨新书首发式在中国人民大学逸夫会议中心举行。著名学者文怀沙、北京大学教授葛晓音、中国人民大学教授郑水泉等学者和中宣部出版局、新闻出版总署图书司、教育部社科司等部门的领导出席了座谈会。

与会嘉宾就《新三字经》的时代价值、社会意义等进行了广泛而深入的讨论。国学大师文怀沙称此书"既是一册启蒙'小书'，也是一本论述人生哲学、倡建和谐社会、弘扬中华文化的'大书'"。这本书被誉为"现代白话三字经"、"时代精神三字经"、"和谐社会三字经"。

《新三字经》是高占祥同志仿照中国古代教育经典《三字经》，用三字韵文形式撰写的，共236句、1 416字。这本书虽然简短精悍，内容却非常深刻，可以说是一部浓缩的人生哲理和社会经验的总结：既讲辩证关系，又富时代气息；既生动活泼，又合辙押韵；既讲通俗性，又富哲理性。作者对每句话所蕴含的深刻含义都做了详尽的注解，并提取书中核心概念进行重点提示，以利于读者更好地理解其含义。书中还配有作者创作的与主题相关的书法、绘画、摄影作品，文图并茂，相得益彰。

高占祥同志是著名的作家、诗人、文艺评论家、书法家、摄影家，现任中华民族文化促进会主席，曾任中国文联党组书记、文化部常务副部长、河北省委副书记、共青团中央书记处书记等职务。高占祥同志好文学、善诗歌、懂戏剧、醉书画、爱舞蹈、迷摄影，出版了《人生宝典》、《人生漫步》、《文化力》等文集、诗集、歌词集、书法集、绘画集、摄影集共70余部。在多年的青少年思想道德教育和文化管理工作中，他先后倡导了"五讲四美"、"德艺双馨"等有全国性影响的群众活动。几十年的工作，使他对中国传统文化和青少年教育有着丰富的经验和深刻的理解，写下了百余万字的人生箴言。他不仅是一位多才多艺的领导，更是一位善于学习，将国家兴衰时刻放在心上的"文化苦行僧"。

《新三字经》吸收了中国传统文化的精华，同时将新时代的和谐主题融入其中。该书凝聚了高占祥同志几十年的人生经验与学养，凝聚了他报效祖国的一片丹心。其几点创新，颇值得人们注意：

现代白话三字经：《新三字经》以白话取代文言，用现代白话文的形式表述，通俗易懂，朗朗上口。

时代精神三字经：《新三字经》弘扬了时代精神，使之与当代社会相适应、与现代文明相协调，保持民族性，体现时代性。

和谐社会三字经：《新三字经》用中国优秀的文化对青少年进行教育，创造和谐的社会主义文化环境，为构建和谐社会作出贡献。

另外，此书在设计装帧上也颇具新意，结构美观大方，插入多幅契合文意的图片，读来引人入胜，轻松有趣。

《新三字经》在附录部分特意收录了章炳麟增订版《三字经》，并给出了必要的解读，可以把"新"和"旧"《三字经》相对照来看，更加方便读者。

（任文，2008－05－14）

高占祥和他的《新三字经》

李 林

2008 年 5 月以来，一本由高占祥著的《新三字经》成为不少人热议的话题。《新三字经》是一本什么样的书？作者为什么要写这本书？带着这些问题，笔者进行了一番探访。

从"五讲四美"到《新三字经》

年过七旬，在省部级的领导岗位上工作了三十多年，现在还担任中华民族文化促进会主席等职务的占祥同志，待人热情而诚恳。他丰富的学识、幽默的谈吐，使我们感觉他不像个"官"儿，而是一位充满爱心的长者、诲人不倦的学者。

提起为什么要写《新三字经》，似乎有点说来话长。占祥同志儿时曾背过那本流传了几百年的《三字经》，当时虽然不太理解文字中的意思，但"人之初，性本善"等内容却犹如刀刻斧凿，深深地印在他的脑海里。随着年龄的增长、阅历的丰富，占祥同志感到《三字经》在生活、工作、学习中经常起着潜移默化的作用，使他受益终生。

1978 年，高占祥同志当选为团中央书记处书记，主管全国青少年宣传和思想教育工作。当时由于十年"文化大革命"结束不久，"四人帮"搞的那套"造反有理"、"斗垮砸烂"、"横扫一切"虽已销声匿迹，但流毒尚未肃清，特别是不少青少年在思想上受到的毒害很深。如何在青少年思想教育方面进一步拨乱反正，是高占祥走马上任后，摆在桌案上最紧要的课题。为此他专门请教了团中央的老书记胡耀邦同志，耀邦同志一句"开展青年工作，一定要有个具体的抓手，否则你抓不出东西来"的话，使占祥同志顿开茅塞。于是他琢磨、寻思着青少年思想道德教育的"具体的抓手"，他想到了《三字经》中的"三纲者"、"五常者"，想到了旧社会人们挂在嘴边的"三从四德"，虽然内容有的过时，有的还属糟粕，但它通俗易懂，简单明了的形式不无可取之处。他在组织团干部广泛调查青年思想状况的基础上，有针对性地提出了开展"五讲四美"（五讲：讲文明、讲礼貌、讲卫生、讲秩序、讲道德，四美：心灵美、语言美、行为美、环境美）活动的建议，后经团中央、全国总工会、全国妇联等八个单位联合发出倡议，全国上上下下开展起既轰轰烈烈又扎扎实实的"五讲四美"活动，一股清新之风劲吹神州大地，亿万群众特别是青少年的思想得到一次净化、升华。这项活动至今在三四十岁以上的人们心中还留下美好的回忆。

而现如今，30年的改革开放，使我国发生了翻天覆地的变化，我国各方面的建设，特别是经济建设取得了令世人瞩目的成就。但是由于多方面因素的影响，人们在过着优裕生活的同时，精神生活却常常感到有些匮乏，道德的天平有些失衡，是非不辨，甚至消极腐败，吸毒泛黄，丧失国格、人格的事件也时有发生。面对这些新的问题，党中央倡导树立社会主义荣辱观，加强中华传统优秀文化教育，培育文明风尚等，并采取了一系列措施。占祥同志作为一位心系国家、关注民生的"文化苦行僧"，也在忧虑和思考着，他又想到要有"具体的抓手"，决定以《三字经》这个著名的品牌，"旧瓶装新酒"，写一本通俗但不庸俗、易懂但不肤浅，使读者特别是青少年喜闻乐见，好记好背，阐述人生的启蒙读物《新三字经》。因而，从一定意义上讲，《新三字经》是占祥同志倡导的"五讲四美"的续篇，只不过较之二十多年前，他的思想、艺术更深刻，也更成熟了。

一本1 416字的"小书"，竟修改了41稿

占祥同志无论是在政界还是在文坛，素以能讲擅写著称。他挑灯伏案，一夜写出几千字的讲话稿，次日在大会上讲一上午，讲得听众情绪振奋，交口称赞，早已成为业内人士的美谈。然而，他写《新三字经》却并不那么轻松潇洒。占祥坦言，这是他出版的70多部书中，最小的一本书，但也是修改次数最多的，先后41次易稿。

"经"者要精，要新，要具有权威性。为使《新三字经》既传承中华民族优秀历史文化，又富有时代气息，占祥同志翻阅大量文献资料，吸取儒道释等百家精华，思考当今社会发展状况与走势，书写着"如何做人"这篇被古今中外不少志士仁人曾经写过、但又永远作不完的大文章。他结合自己多年担任青年教育、文化艺术领域领导的经验，结合个人的人生感悟，提炼出了"真善美，是三金"、"德智体，是三好"、"精气神，是三宝"、"天地水，是三元"、"正清和，是三经"等被专家学者称为足以传世的"三字真经"。

他倾注对祖国、对人民、对人生的大爱，循循善诱"青少年，有理想"，"立大志，做栋梁"，"生我才，为兴邦"；热情鼓励教师"燃红烛，化春泥，呕心血，育桃李。授知识，传道义"；诚恳教导公民要"知荣辱，习礼仪"，"兴五常，正纲纪"，"对长辈，忌无理"，"博爱心，宜长存"，"重名节，防微尘"，"浩然气，贯古今"，特别警告"莫赌博，远毒品，斥黄妖，戒网瘾"，

"图小利，毁名声，贪大财，易丧命。私欲烈，弊丛生"；积极倡导人与自然和谐，"天地水，是三元，养万物，亲自然"，"播绿色，种福田"，"天人合，永世安"；强调社会、国家、家庭和谐的重要性、必要性，"社会和，少暴戾"，"民族和，国之基"，"家庭和，万事吉"，"和合力，胜金玉"；激励中华儿女"我中华，开新纪"，"建小康，求繁荣，兴中华，奔大同"。真可谓是字字珠玑，新意迭出，催人奋进。

为使这部"经"合辙押韵，读起来朗朗上口，他常常为了一个字，一连思考好几天。有时，他日有所思，夜有所梦，半夜里偶然想出个妙词佳句，唯恐"灵感"跑掉，连忙起床开灯，记在小本上。此时，占祥同志颇为得意，常常发出"书生得句胜得官"的感叹！

为让读者加深对《新三字经》的理解，占祥同志又亲自写了"注释篇"。根据文章的需要，他引经据典，特别是在自己《人生宝典》、《人生歌谣》、《人生感言》等上百万字的著作中，浓缩、提炼出精辟的词句，对正文逐句做了注释、说明，并加以重点提示。通篇注释妙语连珠，警句、格言比比皆是，打上了鲜明的高氏印记。同时，他还结合文中相关内容，配上了自己创作的书法、摄影、国画、油画等作品，使之图文并茂，美不胜收。

当中国人民大学校长助理、出版社社长贺耀敏先生认真看了占祥的书稿后，惊喜地说道："这是文化启蒙、人生向导的佳作，是一部现代白话三字经、时代精神三字经、和谐社会三字经。《新三字经》由人大出版社出版，我们感到无比荣幸。"

传奇的人生书写的"大书"

古人说"论书如论相，观书如观人"。此言虽然有点绝对，但也常常反映了人品与作品的关系。《新三字经》之所以众口一词都说好，且被文怀沙老誉为"既是一册启蒙小书，又是一本论述人生哲学、倡导和谐社会、弘扬中华文化的大书"，重要的原因就是高占祥的人生本身就是一部十分精彩的大书，他的人品和作品体现了"真善美"。

占祥同志是一位颇具传奇色彩的人物。他出生于北京通州一个贫苦的农民家庭，新中国成立前当过童工。他只念了五年小学，但他"有理想"、"人自强"，凭着"苦攻读，莫偷安"、"铁可磨，石可穿"的精神，利用一切机会，刻苦学习，尽管困难重重，他"头不回，弦不断"、"志不移，永向前"，在业余学校读完了初高中，又先后拿到大学中文、俄语、日语三门毕业证书。他现在还担任着北京大学、中国人民大学、上海交大等几所大学的客座教授。他1951年进入北京印钞厂，当了一名普通的制版工人。他认真钻研技术，"苦中练，练中精"，把修版工作干得很出色。当上车间的团支部书记后，这本是个不脱产的"小官",他却尽心竭力,"学与思,琢与磨","见人贤,即思齐",利用业余时间学习《中国青年》刊登的文章,又到劳动人民文化宫学习文艺创作,听名家授课,既丰富了他自己的知识,又开阔了搞好团工作的思路,他把支部工作搞得红红火火,有声有色。以后他当上了厂团委书记、党委副书记、北京市团市委副书记。"文化大革命"结束后,他先后担任过团中央书记处书记、河北省委副书记、文化部常务副部长、全国文联党组书记等职务。"童工当部长,想都不敢想,全靠党和人民来培养",这是占祥同志常说的一句话,也是他的心里话。占祥同志的成长之路,再次说明了"勤奋者,功必成"、"开创者,业必成"这样一个真理。当然,一个人成就的大小,绝不是仅仅看他的职务高低,关键看他是否有所作为。高占祥同志在全国青年思想教育、文化艺术领域的领导岗位上,以"大海阔,踏浪尖"、"高山险,勇登攀"的气魄,先后倡导"五讲四美",提出开拓、管好"文化市场",开展"德艺双馨"、"万里采风"活动,实施"晚霞工程"、"朝霞工程"、"山花工程"等,创造性地开展工作,这些重大的举措,不仅惠及当时,而且影响深远。而且,他利用手中的权力和自己的人格魅力,"成人美,济人危",发现人,培养人,成就人,为一批批青年人或有一技之长的人的成长、发展,呕心沥血,作出了重要贡献。为了不当外行领导,他"守琴心,抱剑胆","游艺海,陶情操",习书法,学绘画,搞摄影,练舞蹈,而且成就斐然,早已成为几个"家"。他为了"授知识,传道义",身先士卒从事诗歌、散文、小说、书法、绘画、摄影、理论等创作,先后出版了70多部著作。高占祥传奇的经历、多彩的人生、不凡的成就,早已成为一种令人瞩目的"高占祥现象",已有四部专著对这一现象进行研究。

更可喜的是占祥同志步入七旬以后,他的思想更加朝气蓬勃,他的创作进入了一个新的旺盛期,"高占祥现象"也更加活跃。这次他以"五千年,文化力,传至今,了不起。好传统,莫荒弃"的强烈责任感,熔古铸今,写出《新三字经》,是他为弘扬中华文化,建设中华民族共有的精神家园作出的又一新的贡献,也是他人生十分传神的一笔。

"好雨知时节",伴随着构建和谐社会的春风,《新三字经》应运而生,我们期望并相信它在当今社会及今后的历史长河中"润物细无声"。这也许是高占祥同志最大的心愿。

(原载《劳动午报》,2008-07-23,作者为高级经济师)

学习是生命的奠基石
——走近高占祥

杨 鹏 闻 峰

戏称自己是"高级乞丐"　为失学儿童四处奔走

73 岁的高占祥说起话精气神儿十足，给人的感觉一点儿不像是年过古稀的老人。2001 年，高老退休后，他没有选择回家养老，而是一心扑在慈善事业上，高老说："这是我的一块儿自留地，我现在已经在这里找到了自己的位置。"

谈起这些年来搞慈善事业的感受，没想到高老第一句话就戏称自己是"高级乞丐"："离岗后我东讨西要，上蹿下跳，奔走呼号，为的是多募集一些钱，帮助那些贫困地区和大山里的孩子完成学业。"

在他的秘书李文中看来，以前的高占祥虽然没有什么架子，但总还是有些文人的清高。可为了慈善，他学会了看人脸色说话。他还送给自己一副对联——"走遍天涯海角，阅尽人间脸色"。

高老给记者讲起了一件事，他前几年主要搞的一项慈善事业是"朝霞工程"，是帮助西部 2 000 名上学有困难的孩子完成九年义务教育。现在搞的"山花工程"是支持井冈山、沂蒙山等 10 座大山里的 1 000 名孩子上学。有一次一名企业家为"朝霞工程"慷慨解囊，高老为了给捐赠的企业减点儿税，去找当地的税务局。找局长，局长不出来；找副局长，副局长不出来。高老就寻思着，那处长总该出来了吧。最后出来个副处长，黑着脸说，不行。

对这些，高占祥好像也没往心里去，倒还有了心得：搞慈善事业要有三皮精神，"硬着头皮，厚着脸皮，磨破嘴皮"。高老今年已 73 岁了，是爷爷辈的人了，但是为了贫困孩子的未来，他却说："给孙子当'孙子'，我愿意。"

高老可以说是集名家、名人于一身，他的书画作品在业界可是高价，但是为了孩子们高老什么都舍得。秘书李文中还记得，曾经在一次慈善活动中，高占祥为了募捐到更多的钱，写书法写得腰都直不起来了。但当他帮助过的孩子给他寄来大枣，还有亲手做的鞋垫的时候，高老说："我是幸福的"。

57 岁时挑战国标舞　脚趾间的创可贴全年粘着

采访过很多老人，习惯于问他们晚年的爱好是什么？但是对于高老，你得问："您不爱好什么？"因为高老集书法、绘画、舞蹈、摄影、写作、诗词等项爱好于一身，而且样样出色，就连季羡林老先生对他的评价都是："高占祥同志，当代《畸人传》或《无双谱》中人物也。"

高老会跳舞，不仅会跳交际舞，还会跳很高难的国标舞，他学国标舞时，已经是 57 岁的年纪了。记者问高老："您现在还跳舞吗？"高老笑道："现在很少了。"

讲起学国标舞的事，高老回忆说，记得那年北京举行国际标准舞大赛，为了表示我们国家对此项活动的重视，他竟选择了"露一脚"的方案——为大赛跳开场舞助兴。为此，他整整投入了一年的时间，中午练，晚上练，一招一式，绝不马虎。自己练分解动作，让妻子陪着练全套动作。脚趾间的创可贴全年粘着，夏天的衣衫一件件湿透。

功夫不负有心人，开场舞以其潇洒、飘逸、规范的舞姿震动了在场的各国舞蹈专家和新闻记者。一位英国官员说有三点没想到："一是他敢跳，二是他会跳，三是他跳得这么好。"一时间他被各国的舞蹈专家们称为"舞蹈部长"。

高占祥以他的实力，成为拿到英国皇家舞蹈协会会员证书的两名华人中的一名。为了促进国际文化交流，他担任了中国国际标准舞协会会长，还办了国际舞蹈学院，任名誉院长。

讲述与儿子共同求学的往事　鼓励青少年要活出个样儿来

很多人都知道，高老出身童工，9 岁时就在日本帝国主义开的铜矿里当童工，但是他凭着自己的努力，不仅取得了中文、俄语、日语三个专业的大学毕业文凭，而且 29 岁时就成为北京市一名高官，而后官至文化部常务副部长。记者问高老："您这一生经历传奇，您个人的成长历程对今天的青少年有什么启示呢？"

高老说："我觉得青年人一定要自强自立，要对自己的人生有个目标，一个人要活就要活出个样儿来。如果活不出个样儿来，就冤枉自己了。当年，我只有小学 5 年的文化底子，但我一定要拿到大学毕业文凭，我一直到做共青团中央书记处书记的时候还在坚持业余攻读。结婚当天晚上，人家都来闹洞房，我还在上业余大学，风雨不动，多少年都是这样。"

高老给记者讲述了他和儿子的故事。高老在担任河北省委副书记时，一年儿子高飞从部队复员回来了。高飞想通过爸爸的关系找个工作，可高老说："你是个复员军人，国家负责安排。你等待分配吧。"

高老在心里琢磨着，儿子应该有一技之长，才有前途。于是，他便抽空跑到成人教育学校，为自己和儿子报名，上"日语班"。高老亲自带着二十多岁的儿子到成人教育学校去上课。父子同一个班，坐一张课桌。

有一回，儿子忘了带课本，只好与老爹共用一个课本。偏偏此时，老师提问了："高占祥、高飞，你们俩来做个日语对话，对话内容自选。"

"是。"高占祥父子只好听话地站起身来。

儿子呆呆地瞧着老爹，不知如何是好。

"你提问，我回答。"高占祥连忙对儿子说，"别发愣啦。"

"好，那我就问啦。"儿子想了想说："请问，你结婚了吗？"

"结婚啦。"老爹回答，心里嘀咕道，"臭小子，老子不结婚，哪来的你小子呀！"

"有孩子吗？"

"有。"老爹心里更冒火了，"不就是你嘛！"

后来，为了进一步培育儿子成才，高占祥又鼓励儿子继续自学，考上了红旗大学日语系，毕业后，又到日本去留学。儿子终于走上了自学成才、自立自强之路。

高老说，学习是生命的奠基石，苦斗是命运的救生圈。只有自立自强，青年人才能成为祖国未来的栋梁。

在采访快结束的时候，高老告诉记者："过两天，我会到大连去，我的新书《新三字经》将在大连和广大读者朋友见面，听说大连发展得很好，我一定会好好看看。"

（原载《大连晚报》，作者为记者）

大连举办《新三字经》文艺演出

葛运福

7月7日14时许，在大连青少年宫的剧场里，一台为推广多才多艺的著名作家、诗人、艺术家，长期担任我国文化艺术界的高级领导，中华民族文化促进会主席高占祥先生创作的《新三字经》的艺术晚会正式上演，大连近千名学子欣赏了为《新三字经》创作的文艺节目，并热烈鼓掌。当日，在捐赠仪式上，中国宋庆龄基金会与高占祥先生向地震灾区的学生以及大连学子捐赠书籍5 800本。

从北京赶来的高占祥老人神采奕奕地来到现场，与众人一起欣赏文艺节目，并不时鼓掌。当日，高占祥先生还在捐赠仪式上提出用稿费购买800本书赠给大连学生，表达他的一份爱心和祝愿。

据活动的主办方介绍，此次活动的目的就是通过对《新三字经》的宣传和推广，动员和激励广大青少年和教育工作者乃至全社会弘扬中华文化，建设中华民族的精神家园。而这次演出是全国巡演的首场演出，大连是第一站。

（原载《半岛晨报》，2008-07-08，作者为记者）

探求传统美德回归

金 莹

"这本书是传统文化中生长出来的一朵小花,是我学习中国古代经典之后的一点儿心得。"8 月 16 日,文化部原常务副部长、中华民族文化促进会主席高占祥现身上海书展,以"文化启蒙,人生向导"为题演讲,并为其由中国人民大学出版社推出的《新三字经》签售。

《新三字经》仿照中国古代教育经典《三字经》,以现代白话的三字韵文形式撰写而成,共 236 句、1 416 字。它凝中国传统文化的精华与新时代的和谐主题于一身,在注重内容的哲理性与思想性的同时,注意行文的生动性和通俗性,简短精悍而意味深长,被誉为"现代白话三字经"、"时代精神三字经"、"和谐社会三字经"。

"为什么写?社会要和谐,民族精神要凝聚在一起。""我一直渴望和探求中国传统文化美德的回归,回归温良恭俭让,一直在思考怎样为传统文化的弘扬做一点点的工作",高占祥如此表示自己的创作初衷,而倡导传统的回归与弘扬,则是他持之以恒的追求,《新三字经》也是在此基础上发展的产物。为写作《新三字经》,他确立了四个原则,第一个就是"在继承优秀文化基础上弘扬中国文化"。为此,他阅读了很多古典启蒙读物,"读了四十多本书,《百家姓》、《千字文》,一边看一边做笔记,记了有一万多字"。

"我们要找到根,找到魂,结合新的时代进行发扬,"高占祥说。他在多年的青少年思想教育和文化管理工作中,先后倡导了"五讲四美"、"德艺双馨"等活动。这些概念和活动的提出,也是从中国古典文化传统中得来:"本来是五讲五美,仪表美没有通过,我就想古代有'三从四德',于是提出'五讲四美'。《水浒》五十一回,有一个词儿叫'色艺双绝',《三国》说貂蝉'色艺俱佳',传统文化重视美德,所以是'德艺双馨'。"

读书也是高占祥 20 多年工作生活感受的凝聚:"我写过《人生漫步》、《人生感言》等等,如今,十几部书的 140 万字浓缩成这 1 416 个字。"丰富的人生阅历给《新三字经》带来一般启蒙读物不曾有的厚重,该书不仅仅为青少年而写,对成人同样有警示作用。而他显然有更高的精神追求:"在'文化大革命'之后的岁月里,我们要医治精神的创伤;在当下的物质时代,则要防止精神上的两极分化。"

(原载《文学报》,2008 - 08 - 21,作者为记者)

《新三字经》有了学生版

文化部前常务副部长高占祥同志的力作《新三字经》前不久由中国人民大学出版社出版后，在社会上引发强烈反响，被誉为"论述人生哲学、倡建和谐社会、弘扬中华文化的'大书'"。为使广大青少年读者更好地学习使用，作者又精心创作了学生版。

《新三字经》学生版兼具德育读本和语文课外读物的功能。针对中小学生接受知识的心理特点，有意识地训练孩子们的发散思维能力，全书按照三字韵文的内容划分为"立大志"、"惜时间"、"感师恩"、"学与思"等18个单元，每个单元设置"故事会"、"书声朗朗"、"延伸阅读"、"请你思考"、"读一读，写一写"、"精彩回眸"等专栏，以古今中外历史上的名人与单元主题相关的小故事引导学生进入"书声朗朗"中学习相应的三字韵文，并在随后的"延伸阅读"中学到韵文中出现的成语故事、典故等，思考单元末提出的一些开放式问题，对每一单元韵文的精彩点评和难写难读的字进行重点记忆。

学会做人读好书，这是所有家长对孩子、老师对学生的期盼。《新三字经》学生版正是当下给孩子的最好礼物。

（任文，2008－09－18）

《新三字经》唱响和谐之音

申志远

学中品　品中升

"我和哈尔滨很有缘分，这里曾是我的工作基地和生活基地。"在昨天《新三字经》首发式上，著名作家高占祥这样告诉记者。哈尔滨这座北国名城，其独特的风土人情令他神往不已。从他在共青团中央工作开始，便多次来到哈尔滨。近年来，他还在哈尔滨举办过"高占祥摄影艺术展"、"解读高占祥"诗歌创作座谈会等活动。同时黑土地上丰沛的人文资源也为高占祥提供了鲜活的创作源泉，在这里他创作出《黑龙江的姑娘火辣辣》等一批歌颂雪乡美景的诗歌作品及歌曲佳作。

在随后的演讲中，高占祥介绍了新作《新三字经》的内容及创作经历，结合自己由童工到文化部常务副部长的人生传奇，鼓励今天的孩子立大志、成栋梁。其精彩的演讲不时引发现场观众的阵阵掌声。随后，高占祥还为购书的读者签名留念。

志不渝　永向前

高占祥小时候家里很穷，只上了 5 年小学，新中国成立前在工厂当童工。他说："我由一个童工成长为文化部副部长，现在还担任北京大学、中国人民大学、上海交通大学等几所高校的客座教授，这都是我想都不敢想的。除了靠党和人民的培养，我也深深地感受到文化的强大力量，它可以改变一个人的命运，是一个国家、一个民族繁荣发展的原动力。我今年 73 岁，写了 73 本书。我给自己设立的人生目标是追求超越、追求经典、追求永恒。这些目标不一定都能实现，但是这样立意高远的目标却一直激励着我不断前进。"

这 1 416 字的《新三字经》他先后修改 41 稿，有时为了一个字要查几部辞书。"创作《新三字经》之初，我就想，这本书应该既弘扬传统文化，又体现时代精神；既生动活泼，又合辙押韵；既重通俗性，又重哲理性。为此，我重读了《三字经》、《山海经》、《弟子规》、四书五经等四十多种书籍，写了一万多条的读书笔记，力争在吸收传统文化精华的基础上有所创新。"

民族魂　华光照

700 年前，一部《三字经》以其自然流畅的文笔和深入浅出的道理，成为启蒙读物的经典之作，芳泽百世，流传至今。

自南宋以来，《三字经》一直是我国启蒙教育读物的扛鼎之作，全文不到 2 000 字，便囊括了教育、历史、伦理道德及民间传说等诸多方面的内容，被联合国教科文组织列入了《世界儿童道德教育丛书》。而随着时代的发展，人们在渴望传播中华文明的同时，更需要新的人文经典。高占祥同志正是抓住了这样的时代需求，以生动流畅的语言创作了《新三字经》，引起了强烈的社会反响。丰富的人生经历与近半个世纪的青少年思想教育工作，让高占祥积累了丰富的人生经验。如今他将这些人生哲理、社会经验整理汇编，浓缩成共 236 句、1 416 字的三字韵文，既生动活泼，又合辙押韵，既讲通俗性，又含哲理性。

首先，《新三字经》以白话取代文言，用现代白话文的形式表述，通俗易懂，朗朗上口；其次，本书时代精神浓郁，体现了与当代社会相适应、与现代文明相协调的特点；同时，《新三字经》秉承了用中国优秀的传统文化对青少年进行教育的特点。

《新三字经》的重点则在于为振兴中华立志，有更多的人生箴言，更强调道德品格的修炼，包含了如何对待名利、成败、胜负、贫富、毁誉、正邪、清浊、友谊、礼仪等许多处世原则。所有这些，都反映了建设和谐社会以及和谐世界的时代呼唤。

（原载《哈尔滨日报》，2008 - 10 - 18，作者为记者）

文化启蒙者高占祥

张 磊

高占祥是《新晚报》的老朋友，2006年5月，高老曾做客新晚报网。那次接受本报记者专访时，高占祥对于自己在工作和艺术领域的成就是这样总结的："学习是生命的奠基石，苦斗是命运的救生圈，学习、苦斗可以改变一个人的命运。现代青年应该具有三种力量：一是人格的力量，二是知识的力量，三是感情的力量。要相信，精耕自有丰收日，时光不负苦心人，只要努力耕耘，将来就会有收获。"

昨日，这位从一名童工成长为文化部常务副部长的传奇人物，携其倾力创作的《新三字经》来哈，又一次接受了本报记者的专访，详谈了《新三字经》的创作，以及自己多年战斗在文化前沿的经验和感受。

《新三字经》——文化奇人打造新经典

国学大师季羡林曾对高占祥做出过这样的评价："高占祥同志，当代《畸人传》或《无双谱》中人物也。"高占祥现任中华民族文化促进会主席，曾任中国文联党组书记、文化部常务副部长、河北省委副书记、共青团中央书记处书记。但多数人知道高占祥却不是通过他的官职，而是通过他的著作、诗词、书法、绘画、摄影。高占祥好文学、善诗歌、懂戏剧、醉书画、爱舞蹈、迷摄影，今年73岁的他出版过《浇花集》、《人生宝典》、《文化力》等文集、诗集、书法集、绘画集、摄影集共70余部，季羡林将他称为文化奇人，真是再恰当不过了。

现在这位文化奇人又将目光转向国学和文化启蒙，《新三字经》就是他的最新力作。

文化启蒙者——给青少年最好的礼物

高占祥以往的作品涉及诗歌、散文、摄影、书画等各个艺术领域，都和看似小孩子吟诵的《三字经》没有关系，是什么让他萌生了编写《新三字经》的念头呢？"《三字经》是使我终生受益的一本书。"谈起创作动机，高占祥先搬出了老版《三字经》，"《三字经》在很长一段时间内在文化的启蒙上起到了至关重要的作用。但是随着时代的发展，它里面许多的语言和思想都已经不能满足当代人的要求，也不符合时代精神。此外，现在关于人生哲学和道德的图书虽然很多，但是不能做到朗朗上口，很难在青少年当中流传，也就起不到文化启蒙的作用。"

"开始不敢写，《三字经》太经典了，而且在所有的文章当中，三字一句的最难写。"高占祥有着这样那样的顾虑，还好这时高占祥的朋友都来劝他，"他们说我做过多年的青年工作，有这方面的经验，再说我写了那么多诗，五音七言都能写，为啥写不了三字经？听了他们的话我才放下顾虑开始创作。"

字字珠玑——成千上万字里提炼一个字

万事开头难，高占祥坦言开始创作的时候真的是无从下手，开头写了十几个。《新三字经》既要继承传统思想，又要体现时代精神；既要通俗、形象，又要深刻、押韵，难度非常大。高占祥先后修改了41稿，才有了今天的这部《新三字经》。高占祥多年在共青团工作，有着丰富的青年工作经验，他曾写过关于人生哲学的著作140万字，最后他将这140万字浓缩成1 416字的《新三字经》。高占祥说："我这是成千上万个字里提炼一个字啊！"

文怀沙老先生高度评价《新三字经》说："《新三字经》既是一册启蒙'小书'，也是一本论述人生哲学、倡建和谐社会、弘扬中华文化的'大书'。"

心系青年——我愿为孙子当"孙子"

这本《新三字经》并不是高占祥第一次为青少年做事，在他离开领导岗位之后，一直在筹集资金帮助那些贫困地区和大山里的孩子完成学业。高占祥从小做过童工，后来又做了部长，他知道知识对青少年的重要，也知道没有书读的痛苦，所以为了能让孩子上学，为了慈善，他"走遍天涯海角，阅尽人间脸色"。高占祥说："我今年70多岁了，已经是爷爷辈儿的人了，我要为孙子辈儿的人做点儿事，我愿为了孙子当'孙子'。"

高占祥曾经在文化部门长期担任领导职务，而且在文学、艺术等领域著述颇多，取得了很高的成就，但这些都没有让他满足，他始终奔波在文化最前沿。无论他搞慈善资助贫困学生，还是编写《新三字经》，其实做的都是同一件事——文化启蒙。他是位多才多艺的领导，他是大师口中的文化奇人，他更是文化的启蒙者。

（原载《新晚报》，2008 - 10 - 17，作者为记者）

从《新三字经》中感悟真善美

王　磊

16 日，我国著名作家、文化部原常务副部长高占祥来到哈尔滨，给青年上了一堂生动的人生教育课。17 日，他将在哈尔滨学府宾馆就其创作的《新三字经》做题为"文化启蒙　人生励志"的演讲。《新三字经》（学生版）新书的首发仪式也将同期举行。

"文化改变命运"

73 岁高龄的高老精神矍铄，吐字铿锵有力。"文化不管是对于一个人还是对于一个国家都太重要了。文化可以改变命运。"说到文化，高老依然十分谦虚地说："我在文化方面还是个小学生，底子薄。"

高老告诉记者，因为家境贫困，他只勉强念到了小学毕业。当时他带着对知识的无限眷恋离开了学校，在 9 岁就走进了工厂当童工。15 时，成为印刷厂的一名排版工人。"当时字库里很多字我都不认识，我就利用业余时间一点儿一点儿地背，直到把字库中的字倒背如流。""我的人生就是在读书中丰富起来的，只有知识和文化才能改变命运。"

"每天进步一点点，人生就有大进步"

每每讲到自己不停歇的读书经历，高老总是充满感慨。他告诉记者，很多青年人都曾经问过他成才的秘诀，可他总是告诉青年人一句话，就是"给自己不断设立目标"。他笑着告诉记者，只有有了坚定的意志，每天进步一点点，人生才会有大进步。

在工厂里，高占祥觉得自己的文化太少，就开始自学初中、高中的课程。在别人都在休息娱乐时，他又用 4 年时间修读了大学中文系的课程并通过了毕业考试。紧接着，他风雨无阻地坚持学习，用 3 年时间修读了俄语专业，用 3 年时间修读了日语专业，用 6 年时间修读了艺术专业。

高老爱好文学，擅长诗歌，又对戏剧、书画、舞蹈、摄影都十分有研究。他告诉记者，在他 73 年的生命中一共写了《微风集》、《咏荷五百首》等 73

本书。他就是不断地给自己设立新的目标，才让自己永远都充满奋斗和前进的激情。虽然现在年事已高，但他始终没有放松对自己的要求。在 53 岁时，他开始学习国标舞，现在跳起来依然有模有样。

"用《新三字经》让孩子受到真善美教育"

高老在阅读了《大学》、《中庸》等几十部经典后也打算用中国传统文化的形式来让现在的学生感受道德教育。于是，他仿照《三字经》的形式用三字韵文形式把适合当今社会的美德、人生哲理和社会经验浓缩成了 236 句、共 1 416 字的《新三字经》。这本书出版后在社会上引起了极大的反响，被国学家们誉为"既是一册启蒙'小书'，也是一本论述人生哲学、倡建和谐社会、弘扬中华文化的'大书'"。

提起自己这部《新三字经》，高老如同对待自己的孩子一般。"我希望现在的青少年和所有的成年人，能从我这本小书里读懂社会，受到真善美的教育和感染。"

（原载《黑龙江晨报》，2008 - 10 - 17，作者为记者）

启蒙"小书"浓缩人生"大智慧"
——访《新三字经》作者高占祥

杨宁舒　李景冰

今年 5 月以来，由文化部原常务副部长、现中华民族文化促进会主席高占祥创作的《新三字经》，引起了社会的广泛关注。中国人民大学出版社专门召开《新三字经》学术座谈会，不少专家学者对《新三字经》给予高度评价。著名文化学者文怀沙称，《新三字经》既是一册启蒙"小书"，也是一本论述人生哲学、倡建和谐社会、弘扬中华文化的"大书"。北京的文艺团体组织了《新三字经》朗诵会、京剧演唱会、情景剧表演，一些地区的少年儿童还在游戏时说唱《新三字经》。10 月 18 日，双城市将举行万名中小学生吟诵《新三字经》的大型活动，高占祥特意从北京赶来我省出席活动，并接受了本报记者的采访。

启蒙"小书"浓缩人生"大智慧"

记者：您的《新三字经》是由中国传统的《三字经》而来的，您怎样看待《三字经》在中国历史文化传承中的作用？

高占祥：《三字经》经过时代的淘洗，近年来又浮出，受到人们的关注，说明它的内容是极其丰富的，里面既有人生哲学，又有天文知识、地理知识，特别还有对中国历史的概述，对青少年的启蒙作用很大。但老《三字经》毕竟不是这个时代的产物，比如贯穿其中的"君君臣臣、父父子子"的思想体系已不适合时代要求。

记者：您是从什么时候萌生写作《新三字经》的念头的，都做了哪些研究和准备工作？

高占祥：这是一个长期酝酿的过程。如何将传统的民族精神发扬光大，为时代所用，一直是我在工作中所思考的。我做过几十年的青年工作和文化工作，曾写过《人生宝典》、《处世歌诀》、《人生镜语》、《人生歌谣》等一百多万字论人生的著作。朋友们说，你写一本《新三字经》吧。我说，不敢，三个字的"经"最难写。但我还是动心了，也就真的拿起笔。这 1 416 字的

《新三字经》先后修改 41 稿，有时为了一个字要查几部辞书。有时夜里想出一句好词，高兴得睡不着觉，真有那种"书生得句胜得官"之感。

弘扬传统文化、服务和谐社会的新经典

记者：在倡建和谐社会的今天，《新三字经》是怎样体现时代精神的？

高占祥：在创作《新三字经》之初，我就想，这本书应该既弘扬传统文化，又体现时代精神；既生动活泼，又合辙押韵；既重通俗性，又重哲理性。为此，我重读了《三字经》、《山海经》、《弟子规》、四书五经、《古今图书集成》等四十多种书籍，写了一万多条的读书笔记，力争在吸收传统文化精华的基础上有所创新。比如，我写了"贫不移，富不淫，威不屈，辱不忍"。这个"忍"，是中国传统文化历来提倡的，历朝历代都讲求一个"忍"字。但是我们面对恶势力的欺凌侮辱时，要据理力争，维护民族的尊严、国家的神圣和自己的人格。所以我说"辱不忍"，这就体现了时代精神。再比如，我写了"听其言，观其行，明其道，计其功"。《汉书》里记载董仲舒言"夫仁人者，正其谊不谋其利，明其道不计其功"。我把"不计其功"改为"计其功"，是想说明，古人把"君子重义轻利"的观点绝对化了，这是由其所处的历史时代决定的。我们今天进行社会主义市场经济建设，要辩证理解道义和功利的关系。对那些为民造福、献身事业的人，应该给予表彰和奖励。

记者：您同时为孩子们编写了《新三字经》的学生版。现在的中小学生思维已较独立，对课外读物有自己的选择和判断力。您用什么吸引孩子的注意力，从而使他们自觉自愿去读这本书？

高占祥：我写学生版《新三字经》时，特别注重语言的形象生动和趣味性，做到词中有"画"，防止干干巴巴地说教。比如我在"求学篇"中写道："求学路，曲弯弯，路是弓，人是箭。头不回，弦不断，志不渝，永向前。"再比如我写"真善美，是三金"、"德智体，是三好"、"精气神，是三宝"、"松竹梅，是三友"、"天地水，是三元"等等，都是用比较生动形象而且通俗的语言。此外，全书还增加了故事会、延伸阅读、请你思考等专栏，配有趣味图画，以增加阅读的趣味性。

"文化力"是民族繁荣发展的原动力

记者：您曾经在文化部门长期担任领导职务，而且在文学、艺术领域著述颇多，取得了很高的成就。现在又不辞辛劳撰写了《新三字经》，是什么力量支撑您始终奔波在文化的最前沿？

高占祥：我小时候家里很穷，只上了 5 年小学，新中国成立前在工厂当

童工。新中国成立后，我成为印刷厂的制版工人。我虽然因为表现突出常常获得先进工作者的称号，但是由于文化底蕴的缺失，也犯了一些不该犯的错误。比如有一次，我将"夫"字错拣成"天"字，"一夫一妻制"竟然变成了"一天一妻制"。幸亏工友及时发现了这个错误，否则后果不堪设想。那时我就下决心补上文化这一课。我在业余学校读完了初高中，又先后拿到大学中文、俄语、日语三门毕业证书，又用6年时间到艺术院校去学习各种艺术课程，即使在结婚那一天也没耽误学习。我由一个童工成长为文化部副部长，现在还担任北京大学、中国人民大学、上海交通大学等几所高校的客座教授。这是我想都不敢想的。除了靠党和人民的培养，我也深深地感受到文化的强大力量，它可以改变一个人的命运，是一个国家、一个民族繁荣发展的原动力。我今年73岁，写了73本书。我给自己设立的人生目标是追求超越、追求经典、追求永恒。这些目标不一定都能实现，但是这样立意高远的目标却一直激励着我不断前进。

（原载《黑龙江日报》，2008-10-17，作者为记者）

《新三字经》一天创俩吉尼斯

蔡东民

18 日 10 时 30 分，和煦的阳光透过薄雾铺洒在双城市希望广场，经中华民族文化促进会发起，由双城市委、市政府举办的万人咏诵《新三字经》的活动正式开始。省长栗战书，省委常委、哈尔滨市委书记杜宇新，省委常委、宣传部长衣俊卿等出席了咏诵活动。中央教育电视台和黑龙江卫视做了现场直播。

98 岁高龄的国学大师文怀沙用雄浑洪亮的声音引领万名中小学生开始吟诵《新三字经》。学生们身着白衫蓝裤，胸前背后印有《新三字经》文字内容。现场鼓乐齐鸣，整齐划一，声势浩大的学子齐诵和各种音乐风格的吟唱穿插进行，包括了独诵、群诵、歌舞剧、多方队多部式吟诵等多种多样的形式。最后，《新三字经》的作者、文化部原常务副部长高占祥亲自带领吟诵，把活动引向高潮。此次万人咏诵活动及高占祥亲笔书写的 48 米《新三字经》自著自书书法长卷，均创造了吉尼斯世界纪录。

《新三字经》是作者仿照中国古代教育经典《三字经》，用三字韵文形式撰写的，共 236 句、1 416 个字，是一部浓缩的人生哲理和社会经验的总结。

（原载《黑龙江日报》，2008 - 10 - 19，作者为记者）

寓意深刻的人生箴言

孙晓锐

东北网 10 月 16 日讯 "真善美，是三金"、"德智体，是三好"、"精气神，是三宝"、"松竹梅，是三友"、"天地水，是三元"……这些出自《新三字经》里韵文体的句子，既有传统特色，又富时代气息。今天（16 日），该书作者、中华民族文化促进会主席高占祥携新作抵达哈尔滨，并接受了本网记者的专访。

《新三字经》符合时代要求

谈到《新三字经》一书，人们的视线似乎总要寻求一些该书与老《三字经》之间的关联。高占祥认为，老《三字经》内容特别丰富，其中既有人生哲学，也涵盖了天文、地理、历史知识。作为当时那个时代的产物，里面的一些内容，如"君君臣臣，父父子子"等，已经不符合当今时代的要求了。

和老《三字经》相比，《新三字经》体现了传统美德，体现了时代精神，也体现了语言特色，在继承中国传统文化的基础上有所发展、有所升华。

《新三字经》浓缩传统文化

为了将传统文化的精华吸收到《新三字经》里来，高占祥研读了《三字经》、《弟子规》等四十余本著作，写了一万余条读书笔记，将传统文化通过三字经这种形式加以浓缩。同时更加注重该书的思想性、艺术性和阅读性，语言务求形象生动，以文字勾勒画面，"求学路，曲弯弯，路是弓，人是箭。头不回，弦不断，志不渝，永向前"。朗朗上口又寓意深刻的人生箴言给人们无限的遐想空间。

1 416 字的《新三字经》先后修改 41 稿，高占祥坦言，修改时改得很苦很累，有时为了一个字要查几部辞书。有时夜里想出一句好词，高兴得睡不着觉，真有那种"书生得句胜得官"之感。

经济发展，精神文化缺一不可

高占祥现任中华民族文化促进会主席，曾任中国文联党组书记、文化部常务副部长、河北省委副书记、共青团中央书记处书记等职务，他先后倡导了"五讲四美"、"德艺双馨"等有全国性影响的群众活动。

在思想文化战线工作多年，拥有丰富经验和阅历的高占祥认为，当前我国作为发展中的大国，经济社会发展取得了举世瞩目的成就，但单纯用数字看待我国的综合国力是不科学、不准确的，因为文化力、精神力同样是综合国力的重要内容。

为此，高占祥在《新三字经》一书中写下了"精神力，紫气豪，民族魂，华光照"、"我中华，开新纪，倡文明，兴正义。五千年，文化力，传至今，了不起"的炳蔚文辞。

（摘自东北网，作者为记者）

京剧《新三字经》在京演出

编者按：2008 年 11 月底，中国戏曲学院附中京剧《新三字经》演出以来，在社会上引起积极反响。《光明日报》、《北京青年报》、中国文联网、文化传播网、《中国艺术报》等多家媒体进行了报道和评论。下面是中广网有关报道：

中国戏曲学院附中京剧《新三字经》首场演出，于 2008 年 11 月 29—30 日晚在中国戏曲学院大剧场隆重拉开帷幕。本次演出活动由中华民族文化促进会、中国戏曲学院、中国戏曲学院附中联合主办。文化促进会高占祥主席及社会各界知名人士出席了演出活动。

文化部前常务副部长、中华民族文化促进会主席高占祥推出新作《新三字经》。全书浓缩了深刻的生活哲理，散发着思想与智慧的光芒，中国传统文化的精髓要义与时代气息兼收并蓄其中，充满现代教育意义。京剧《新三字经》的创作既是对优秀民族文化的继承与传播，同时也为贯彻落实教育部"京剧进课堂"的举措增添了新的内容和形式及充满现代教育意义的多彩元素。

京剧《新三字经》的演出融合了京剧表演、现代舞蹈、民族音乐、现代多媒体技术手段等多种艺术表现形式，整台节目载歌载舞，说唱结合，情景相融，通过生、旦、净、丑等行当集中体现了《新三字经》一书的精神实质，充分展现了京剧的唱、念、做、打。演员阵容庞大，除附中的小演员外，还有不少观众们颇为喜爱的京剧演员，如郑子茹、陈淑芳、陈俊杰、杜鹏、魏积军、贾劲松、张建峰、窦晓璇等。此外，值得关注的是，京剧《新三字经》在戏曲音乐创作方面也是一次前所未有的大胆尝试和探索。

京剧《新三字经》的排演是附中在推出"京剧进课堂"系列活动后，为弘扬民族文化所做的又一件实事，为广大中小学生接受传统文化教育、了解京剧艺术提供的又一个精美载体。京剧《新三字经》的排演也是附中勤奋耕耘，积极进取，为传承民族文化、繁荣京剧艺术、推进艺术教育的不断发展做出的切实努力。

（摘自中广网北京 2008 年 12 月 3 日消息）

黑龙江省委宣传部下发通知
部署《新三字经》发行及学习宣传工作

根据黑龙江省政府领导批示精神，日前，省委宣传部就做好《新三字经》发行及学习教育活动宣传报道工作向全省有关部门发出通知，并对有关事项做出具体安排。

《通知》强调指出，要高度重视此次宣传报道工作，将其作为推进未成年人思想道德建设、提高全民思想道德素质、加强社会主义核心价值体系建设的一项重要措施，纳入宣传报道重点。

《通知》要求全省各市地、各系统宣传部要对如何做好本地、本系统的宣传报道做出安排部署；各新闻单位要按照报道安排，切实做好《新三字经》发行及学习教育活动的宣传工作。同时，要做好《新三字经》的宣传推介工作；3月份各新闻单位配合当地教育部门，对学校利用《新三字经》开展学习教育活动情况进行跟踪、深入、集中报道，其中省直及哈尔滨市新闻单位要将双城市作为报道重点之一。

（翟　璐，2009 - 02 - 20）

黑龙江省教育厅向万所学校
赠《新三字经》（学生版）

为迎接新中国成立 60 周年，丰富学生精神生活，教育学生读书、明理、诚信、奋进，根据黑龙江省政府领导的批示精神，省教育厅决定向全省义务教育阶段学校免费赠送中国人民大学出版社出版的高占祥著《新三字经》（学生版）读本，组织学生阅读学习。

省教育厅要求全省各市（行署）教育局和有关部门，要把《新三字经》（学生版）读本作为重要的德育课程资源，中小学要在校本课程、综合实践活动课程以及班团队活动中进行有机整合渗透。要设计和组织丰富多彩的活动，如诵读比赛、写读后感、讲书籍中的故事、举办主题班会等，切实发挥读本的教育功能；要结合和谐校园文化建设，引导和鼓励学生自己动手，搜集、制作与读本内容相关的彩绘、板报、挂图、宣传栏，使学生在良好的氛围中受到熏陶和浸润；要充分利用校园网络优势，在网上设立阅读、讲解和背景知识栏目，组织学生开展网上学习心得交流、研究性学习，加深对《新三字经》（学生版）的理解。

据了解，黑龙江省教育厅向全省义务教育阶段一万多所学校每校赠 10 本《新三字经》（学生版），确保每个学校都有书可用，并作为图书馆常备阅读书目。

（育　仁）

学《新三字经》 做美德少年

　　为深入贯彻落实《中共中央国务院关于进一步加强和改进未成年人思想道德教育的若干意见》精神，在全省广大青少年中灌输培养对党和社会主义祖国的朴素感情，弘扬中华民族传统美德，引导他们有爱心，养成良好的道德行为习惯，增强国家意识、公民意识、科学意识、劳动意识和环保意识，充分发挥团队组织在未成年人思想道德建设中的重要作用，服务青少年健康成长，黑龙江团省委、省少工委决定从 2009 年 3 月至年底，在全省广大青少年中，开展"学《新三字经》，做美德少年"主题教育活动。

　　全省青少年"学《新三字经》，做美德少年"活动要有计划、有组织、有步骤地进行。全年活动分三个阶段进行：

　　第一阶段，从 2009 年 3 月至 5 月为文本普及阶段。通过团队报刊等各种宣传舆论阵地，加大对《新三字经》的宣传。整合社会资源，发动爱心人士向边远地区、贫困学校学生捐赠《新三字经》文本，迅速在全省广大中小学生中掀起学习诵读《新三字经》的热潮。

　　第二阶段，从 2009 年 6 月至 10 月为实践体验阶段。结合国庆六十周年、六一儿童节、建队六十周年等重大节庆日，利用主题团队会活动、《新三字经》诵读大赛、手抄报评比、体会征文、校园情景剧等各种形式在基层团队组织中开展丰富多彩的活动，引导广大青少年深化理解《新三字经》的内涵，对比自身差距，不断提高思想道德素质。结合正在各级团队组织中深入开展的"关注 48 个生活细节"主题教育活动，引导青少年在家庭、学校中做身边小事，践行《新三字经》大道理，积极行动起来，争做美德少年。

　　第三阶段，从 2009 年 11 月至 12 月为成果展示阶段。通过开展全省好习惯美德之星、文明之星、孝顺之星、环保之星、诚信之星、学习之星、勇敢之星、助人之星、劳动之星、节约之星等十大"好习惯之星"评选活动，表彰在活动中涌现出的青少年先进典型，表彰各市（地）在活动中创造出的富有成效的活动品牌，在全省各级团队组织中深入推广，有效推动活动的深入开展，促进《新三字经》真正入脑入心，内化为广大青少年的自觉行动。

　　黑龙江团省委、省少工委要求全省各级中小学团队组织要高度重视此项活动，把活动作为推动全团、全队"未成年人思想教育工程"的重要内容，抓紧抓好；全省各级中小学团队组织要设立专门活动组织机构，安排专人负责活动组织与策划，以丰富多彩的形式开展活动，争创活动品牌；要充分利用各种新闻媒体，广泛宣传活动内容、目的和效果，使得更多的青少年了解此项活动，参与此项活动；要采取有力措施，推进活动开展，确保活动取得实效。

（邵清文，2009 - 02 - 26）

双城市中小学生多种形式学《新三字经》

黑龙江省双城市为加强全市中小学生思想道德教育建设，特别是中小学德育工作，丰富中小学生的精神文化生活，教育他们读书、明理、诚信、奋进，日前该市教育局做出决定：在全市中小学生中开展学习、吟诵、践行《新三字经》活动，实现《新三字经》内容进校园、进课堂、进头脑。

双城市在开展活动指导思想中首先明确要以科学发展观为指导，结合目前中小学生实际，以开展爱国主义教育、传承中华民族传统美德、培养学生社会主义公民素养为目的，通过开展系列主题吟诵《新三字经》活动，激发广大师生学习兴趣，逐步形成"人人学习、人人吟诵、人人践行《新三字经》"的良好氛围，促进吟诵活动持续、深入开展。

双城市教育局对开展学《新三字经》活动的具体内容和形式进行了精心设计，要求各中小学要结合本校实际，形式多样、丰富多彩、有针对性地对学生进行思想道德教育。主要采取以下形式：

1. 课堂。各任课老师根据自己对《新三字经》的学习和理解，将其内容和教育意义寓于所教学科的课堂教育之中，使学生在潜移默化之中受到教育。

2. 演讲。围绕吟诵《新三字经》这一主题，演讲的内容可以是对《新三字经》的理解，可以讲吟诵的乐趣、吟诵的方法、吟诵的益处，也可以讲自己的收获和启示等。

3. 讲故事。可以讲在《新三字经》中读到的故事，也可以通过读《新三字经》自编故事。要求思想健康向上，讲解生动有趣。

4. 演唱。各校音乐老师把《新三字经》谱成乐曲，教会学生演唱，或以歌舞形式进行表演。

5. 情景剧表演。根据《新三字经》的内容，编成短小的情景剧，让学生自我表演，在表演的过程中接受良好的道德教育。

6. 书画。根据《新三字经》的内容，开展"书写《新三字经》，描绘《新三字经》"活动。

7. 手抄报。根据吟诵《新三字经》活动的情况及其内容，组织学生编写、张挂自办的手抄报。每个班都要编写 3～5 期反映《新三字经》内容的手抄报。

8. 主题班（队、团）会。各班级班委会、少先队、共青团组织，要在老师的指导下，召开以学习践行《新三字经》为内容的主题活动，让学生畅所欲言，表达《新三字经》给自己的教育和启发。

9. 体育活动。体育教师应根据《新三字经》的内容和旋律，编排节奏感明显的适合学生的游戏，如跳皮筋、跳绳等活动，让学生在课间活动时进行吟诵。

10. 其他活动。各校要结合本校实际，动脑筋、想办法，创造性地开展各种学习、吟诵、践行《新三字经》活动。

双城市教育局对各校开展活动提出了明确要求，一是配备《新三字经》读本，使其成为德育课程资源，在中小学校的校本课程、综合践行课程以及班团队活动中有机整合渗透。二是充分发挥以班主任、语文教师为重点的吟诵《新三字经》的骨干队伍作用，周密安排，坚持不懈，狠抓落实，真正负责、指导，组织好本校的活动。三是加强领导，加强指导，搞好服务，积极推进。市教育局和各校均成立领导小组，制订方案，并通过召开现场会、成果展示、督促检查等措施，推动活动开展。四是把《新三字经》作为道德教育工作长期的教材，不断把学习活动引向深入，切实提高全市中小学学生的道德素养。

（文 迅）

让阅读改变生活

——盛杰盛公司捐赠《新三字经》（学生版）活动综述

盛一民

阅读改变生活，优秀的青少年读物所传播的知识和价值观，往往会影响青少年一生的理想和追求。在进一步加强和改进青少年思想道德建设，树立正确的荣辱观，构建社会主义和谐社会的大背景下，高占祥同志的《新三字经》（学生版）将成为中小学校青少年最好的精神食粮，将引导他们树立正确的世界观、人生观、价值观，努力学习，发愤读书，将来成为社会建设的有用之材。

一本好书，就是一扇面向世界的窗口，一条通往真与善的路。诚如古人说，授人以鱼不如授人以渔。送一本好书，可能是对正在成长中的青少年最好的帮助，也是我们力所能及的事情。

黑龙江省政府机构开展对广大青少年宣传推广学习《新三字经》（学生版）活动，哈尔滨盛杰盛医学仪器试剂有限公司很荣幸成为其中的一员，加入到此次宣传捐赠活动中。盛杰盛公司秉承"关注青少年成长，爱心回馈社会"的活动理念，在公司集思广益、精心策划，把爱心计划的目标锁定在全省的中小学校。公司购买了20 000本《新三字经》（学生版），在省政府的领导下捐赠给省内的中、小学校。同时公司聘请专职辅导教师深入全省的中、小学校推广、介绍《新三字经》（学生版），为中小学生进行《新三字经》（学生版）的普及辅导，针对目前中小学生的实际情况开展《新三字经》（学生版）教育，让学生们能更快、更好地去理解、领悟《新三字经》（学生版）。

青少年是未来社会的主人，通过《新三字经》（学生版）的爱心捐赠，不但可以弘扬中华民族传统的美德，更重要的是以《新三字经》（学生版）为纽带，将中华民族五千年的人文理念用青少年喜闻乐见的形式加以传播，让广大青少年在轻松的氛围中领悟"真善美"，领悟千百年来人们所信奉并推崇的"仁、义、礼、智、信"，从而引导广大青少年从我做起，从点滴做起，弘扬中华民族传统美德，消除陋习，树立爱祖国、爱人民、爱社会的正确人生观，提高广大青少年的爱国主义热情及文明程度。

　　盛杰盛公司认为，作为社会的组成部分，投身公益事业、关怀和扶助弱势群体是企业人文关怀的体现，也是企业与社会分享经济成果的重要方面。这种理念已经深深地烙印在每一个盛杰盛人的身上，成为盛杰盛公司一种固有的企业文化和精神。参加这次捐赠活动也大大提升了公司及员工的社会责任感。

　　盛杰盛公司对内提高人性化管理，关注员工成长及员工个人生活，提高员工福利待遇，同时更加关注社会主义和谐社会的建设，积极参加公益性活动，为提高全民文化素质，传承中华民族美德献计出力。

附 录

创作《新三字经》的前前后后
——在中国青年政治学院与大学生见面会上的讲话

高占祥

学院领导让我与同学们谈谈关于我写《新三字经》的有关问题。下面讲四个方面的情况：

一、怎样想起了写《新三字经》

我小的时候，因为家贫，9 岁就离家到石景山一家钢铁厂当小工。后来11 岁时才有机会在村里上小学。老师强迫我背诵《三字经》，当时不解其意，后来却深感终生受益。

《三字经》言简意赅，朗朗上口，成为人们喜爱的文学形式和重要的启蒙读物。但由于时代向前发展了，它已不能完全适应今日之需要，故有人建议修订《三字经》。我则觉得老版本《三字经》已成历史经典，很难修改，更难以改好。

有位朋友向我建议："您写一本新'三字经'吧。"

"不敢，"我说。

"为什么不敢？"

"太难！"

"难道比您写那 60 万字的《人生宝典》还难么？"

"是的。"

"难道比您写那《咏荷五百首》七律诗还难么？"

"是的。"三个字的"经"最难写，我尝试过。

朋友开导我："您做过几十年的青年工作和文化工作，写了《处世歌诀》、《人生镜语》、《人生歌谣》等一百多万字的论人生著作，您把它浓缩再浓缩、精练再精练、升华再升华，不就成了吗？"

"恐怕没那么简单。"我嘴上虽然这么说，但却有点动心。

当我拿起笔来，真不知从哪里下笔。我想，这本《新三字经》应该既注意弘扬传统文化，又注意体现时代精神；既注意生动活泼，又注意合辙押韵；既注重通俗性，又注重哲理性。太难了。于是，我从三个方面作了努力。

一是求助于图书。我重读了《三字经》、《山海经》、《弟子规》、四书五经、《古今图书集成》等四十多种书籍；在注释的过程中，又查阅了《精神文明大典》、《孔子文化大典》、《掌故大辞典》、《成语词典》、《说文解字》等十余部辞书。边读边摘，边记心得，边写草稿。

二是求助于文友。从写作思路到文稿修改，专家、学者们给了我许多关心和指点。比如当文怀沙老师看到初稿中"帮有道，助有规"时说：是"邦有道"，而不是"帮有道"。邦，是指国家。写成"帮有道"容易引起"拉帮结派"的误解。随后，我便改了过来。

三是反复修改。这是我写的几十本书中修改次数最多、修改时间最长的一本书。这1 416字的《新三字经》先后修改41稿，改得很苦、很累，有时为了一个字要查几部辞书，有时夜里想出一句好词儿，高兴得睡不着觉，真有那种"书生得句胜得官"之感。

这本书的书名开始是《和谐三字经》，后改为《道德三字经》，又改为《青少年三字经》，继改为《人生三字经》。文怀沙老师即兴高声朗读之后说："写得好！叫《新三字经》吧。"书名就一语定音了。文老并慨然应允作序，令我感激不已。

二、《新三字经》的重要内容

这本书概括了中华民族的美德，总结了改革开放以来思想道德教育的经验，总结了我几十年来的生活感受，浓缩了我十几本论述人生著作的成果。

我想努力把它写成一本人生的坐标，写成一本成人德育教育的参考书，写成一本学生的课外读物。如果说，21世纪的"四大教育目标"是学习、做事、处世、做人的话，这本小册子则体现了这"四大目标"和以人为本的思想。

我知道，在这仅仅1 416字的小书中，难以承载这么丰厚的内容，但我努力试图做一次探索。

书中用了四句开篇：

春日暖，秋水长，和风吹，百花香。
青少年，有理想，立大志，做栋梁。
天行健，人自强，生我材，为兴邦。
倡和谐，民所望，兴道德，国运昌。

在讲完立志、求学、尊师、兴五常之后，讲了：

真善美，是三金；德智体，是三好；
精气神，是三宝；松竹梅，是三友；
天地水，是三元；正清和，是三经。

接着讲了"五讲四美"。最后写了一段结语：

我中华，开新纪，倡文明，兴正义。
五千年，文化力，传至今，了不起。
好传统，莫荒弃，百福临，千祥集。
和谐经，警世钟，铭在心，贵在行。
和平颂，入太空，和谐曲，咏无终。
建小康，求繁荣，兴中华，奔大同。

三、《新三字经》写作的社会背景

主要讲两个方面：

第一点是改革开放以来，我一直探索着青少年道德教育的内容、方式与途径。

"文化大革命"前，我在北京团市委工作，"文化大革命"中被打成反革命复辟集团头子，挨批挨斗，被驱逐出北京市。1978年到团中央书记处，分管青少年思想道德教育。后来又在河北省委、文化部、中国文联做思想、文化、道德教育等工作。几十年来，我在成功与失败的进程中探索德育教育内容问题。

经过反复研究，我于1980年在全国倡导了"五讲四美"活动，1990年提出"德艺双馨"。这"五讲四美"的底蕴是从"三从四德"借鉴而来，其活水源头则是当时青年教育实践的总结与升华。

回顾几十年的青少年道德教育，有成功的经验，也有失败的教训。

成功的如当年的"五爱教育"、"五讲四美"等。

不成功的教训表现在：道德教育内容缺少连续性，道德教材缺少稳定性，道德教育方式缺乏生动性，代之而来的是概念化、抽象化和口号化。"价值观、人生观、世界观"虽早已进入课本，亦是对青少年教育的应有之意，但是中小学生难以具体地、形象地理解。

道德教育非一日之功。我国古代的启蒙教材和道德规范——如三纲五常、三从四德、礼义廉耻等，几百年、上千年不变，并用生动的人物故事，如孔融让梨、王祥卧冰、程门立雪、司马光砸缸，以及二十四孝等进行通俗、形象地教育，渐渐地形成社会成员的行为规范。而我们却经常不断地进行变化，如"五讲四美"刚被全社会所公认，我离开团中央后就加上了"三热爱"，等"五讲四美三热爱"刚刚流传开，不久这个提法就不见了、消失了。

道德教育当然也要与时俱进，但应该注意道德教育的基本内容的稳定性、连续性和生动性。

伦理道德教育的内涵应该含有现实性和针对性，但不宜过分强化它的政治性。比如"荣辱观"，任何一个国家的公民，背叛自己的祖国都是可耻的，不孝敬父母都是可耻的，贪污盗窃都是可耻的。

我写的《新三字经》是按党和国家所倡导的道德精神写的，但在文字的表达上却没有使它表面化、生硬地去表现政治。我写《新三字经》时，注意了这一点。我想写成一本跨时间、跨空间的作品，写人类共同的真善美……中国人民大学出版社贺耀敏社长，头天见到稿儿，夜里就看完了，第二天就给我秘书李文中说看了很兴奋，是本难得的启蒙读物，并拍板立即安排出版。

上面是从个人与《新三字经》的角度来谈写这本书的背景。

第二点，就是从大的社会背景来说：从国内和国际的大背景来说，我觉得整个社会似乎有一种物质与精神失衡的现象。

从国际范围来看，人类社会在拥有巨大的物质财富和物质力量的同时，却忽视了具有先导作用的文化力和精神智慧。世界闪烁着科技文明的光辉，而道德信仰的光辉却显得暗淡。

当今世界，资本在支配着一些人疯狂地追求金钱，急功近利的思潮驱动着一些人见利忘义，在追求物质财富时往往忽略了自身的内在价值和精神生活，甚至在追求物质利益中失去了人性、道德和价值。

物质生活提升，精神生活水准下降。科学知识增多，道德素质缺失。精神空虚，心灵贫困，信仰缺失——可以说，这是一种人文精神危机，一种价值危机。这种"危机"影响着人类的文明进步。一个社会总体的文明程度，才是衡量这个社会是否进步的真正标志。

物质上去了，经济上去了，而我们的道德水平是否上去了？我们的精神力、信仰力是否上去了？我们的民德、官德、商德是否上去了？

老百姓对贪官极为不满。5年来全国法院从严惩处贪污贿赂、渎职等职务犯罪，判处罪犯 12 万余人，同比上升 12.15％。

老百姓对食品安全十分担忧。有一则短信中说：

中国人在食品中完成了化学扫盲，

从大米里我们认识了石蜡，

从火腿里我们认识了敌敌畏，

从咸鸭蛋、辣酱里我们认识了苏丹红，

从火锅里我们认识了硫黄，

从木耳中我们认识了硫酸铜，

今天三鹿又让同胞知道了三聚氰胺的化学作用。

外国孩子喝牛奶身子结实了，

中国孩子喝牛奶"结石"了。

当然，这样的短信有些偏颇。但这种失衡现象，似乎令人有一种物质的巨人裹挟着精神的侏儒茫然前行之感。我们应该清醒、理智地注意这个时代的病症。正如我国著名学者任继愈先生在一次演说中谈到的，近代特别是近百年来，哲学、社会科学与自然科学分头发展，互不照应。自然科学一日千里，一天的生产力超过过去几千年的总和，人文科学比两千年前前进不大。自然科学这条腿太长，人文科学这条腿太短，以致知识结构出现跛足现象……这种病象已蔓延为全世界的流行病。

如果不自觉医治这个病症，会出现一个枯燥的、自私的、危险的世界，就会影响社会健康发展，影响人们的文明进步，影响人们快乐幸福的生活。

从我国的现实来看，改革开放 30 年来，中国经济持续、稳定、快速发展，取得了举世瞩目的成就。GDP 从占世界的 1.8％升至 6％，财政收入增长 50 余倍，外贸排名从世界第 29 位升到第 3 位。

与经济建设相比，文化建设成了"短腿"，相对滞后。物质上去了，道德下来了。近二十年来，青少年的心理健康水平下降。青少年的生理发展提前，心理发育滞后。这些不均衡的现象——即失衡现象，值得我们深思，要引起我们的警醒，进行精心调整。

国际社会上有人把中国比喻为"成长的巨人"。然而，一条腿长、一条腿短的"巨人"，是站不稳、走不快、跑不起来的，若要再往前跑就会跌跟头，也就是说，文化的滞后，必然会制约经济的发展，乃至会酿成严重的后果。

我写《新三字经》，就是为了在调解物质与精神的失衡、提升国民道德素质中起到一点作用，在构建和谐社会和弘扬中华文化上起一点作用。

这就是我的心愿，也算是写《新三字经》的社会背景。

四、如何写这本《新三字经》

在写的过程中注意了以下五点：

一是把传统美德与时代精神融为一体。在这本书中，通篇体现着传统美德。我先后做了一万多条学习笔记，而在写的时候，只有本着弘扬的精神，才能与时代精神相合拍。

比如，古代人在修身中很注意"忍"，认为"忍"是大人之气量，忍是君子之根本，不忍小事变大事，不忍好事成坏事。而我在书中则写道：贫不移，富不淫，威不屈，辱不忍。

又如，董仲舒说："正其谊不谋其利，明其道不计其功。"而我则把"不计其功"一句中的"不"字去掉，写成"明其道，计其功"。这样一改则体现了新时期的价值观。

写出时代精神也很困难，比如关于和谐问题，在书中写道：

和谐经，警世钟，铭在心，贵在行。

和平颂，入太空，和谐曲，咏无终。

建小康，求繁荣，兴中华，奔大同。

在《新三字经》中，我用了鲜为人知的两个词，一个是"文化力"：

五千年，文化力，传至今，了不起。

去年，我写了一本《文化力》，21 章，30 万字。我认为，文化力是软实力的核心。在实现中华民族伟大复兴的征程中，我们要倡导文化力、解放文化力、发展文化力。对一个人来讲，文化力能够改变一个人的命运。

另一个词是"精神力"。在《新三字经》中讲到"精神力"的时候说：

精气神，是三宝，克敌弓，不可少。

精神力，紫气豪，民族魂，华光照。

我现正在写一本《精神力》。民众精神力是国力之王、国力之魂、国力之宝。看一个民族、一个国家的实力，其中重要一点是看其有没有精神力。

今天的德育教育之路，只有把传统美德与时代精神结合起来，才能成功。

二是把通俗性与哲理性糅合在一起。如何让哲学、让理论走到广大学生、民众的心里，是哲学家、文学家、理论家值得重视的一个问题。我分析了一些报告、讲座、文件以及著作，大致可分为四种情况：深入深出，浅入浅出，浅入深出，深入浅出。

我试图努力地按"深入浅出"去写《新三字经》。比如在谈到"真善美"时说：

真善美，是三金，人之根，国之魂。

真在情，善在心，美在意，行在神。

这就是其通俗性。

还要富有人生的哲理性。比如：

见人贤，即思齐，仰高洁，弃粗鄙。

两分法，辨是非，三思行，慎有益。

学与思，琢与磨，知与行，相交错。

宠思辱，安思危，福思祸，利思义。

欲利群，先修己，树新风，从我起。

三是把思想性与文学性糅合在一起。思想性是人生向导丛书的灵魂，艺术性则是人生向导丛书的价值。我尽力做到语言生动、形象，可以说是字斟句酌。

比如，讲求学时写道：

求学路，曲弯弯，路是弓，人是箭。

头不回，弦不断，志不渝，永向前。

又比如，针对历史、现实，尤其是在信息时代和大灾大难中，流言、谣言具有极大的杀伤力；一个流言可以害死若干人，一个谣言可使一个城市逃走几十万人。韩国的明星与中国的明星，都有因谗言而自杀的事件。一些企业，利用信息打击对手，造成对方破产。10 月 26 日《中国政协报》载《信息化时代遭遇"传言危机"》。据中国传媒大学网络口碑研究所统计，66％的企业危机都起源于谣言。平时，生活中"云山雾罩"的"忽悠"者也不少见……

为此我在书中写道：

雾茫茫，雨纷纷，眼见事，未必真。

千里风，万里云，背后语，莫全信。

良言出，冬亦温，恶语吐，箭穿心。

还写道：

传闲言，非儿戏，听谗言，要警惕。

闻流言，不唱随，逆耳言，宜听取。

邦有道，助有规，巧为浮，拙为贵。

口拙者，无是非。眼拙者，无怨怼。

愚在表，智在内，勤补拙，大智慧。

只有通俗、形象、朗朗上口，读者才易于接受。

又比如，写交朋友时，就将桃园三结义的故事和拟人化的松竹梅写了进去：

> 松竹梅，是三友，岁月寒，不分手。
>
> 松有志，不倨傲，竹有节，不折腰。
>
> 梅有香，不争俏，三结义，品自高。

四是把青少年读者与成年读者的需要糅合在一起。有的同志觉得，这本书是专为青少年写的启蒙读物，其实我写的时候，不只是为青少年写的，其中有相当一部分是为家长、老师、干部等成年人写的。

比如：

> 博爱心，宜长存，忠恕道，伴终身。
>
> 毁人者，必自损，玩火者，必自焚。
>
> 柔若水，义薄云，人心归，天下顺。

再比如：

> 败与胜，非天命，得与失，乃互生。
>
> 勤奋者，功必成，开创者，业必兴。
>
> 贪逸者，手必空，爬行者，难成龙。

又比如：

> 成人美，济人危，见人险，义勇为。

这也主要是写给成人的。要扶困济贫，从全球看，每天有 8 亿人在挨饿，平均每 5 个人就有一个人挨饿。美联社在 28 日引述联合国官员的讲话报道说：由于全球食品价格上涨，2009 年全球饥饿人口可能突破 10 亿。我国目前农村贫困人口尚有 1 400 多万人。这需要全社会的人员来关心、关注，来济人之危。

又比如，讲环保的时候写道：

> 天地水，是三元，养万物，亲自然。
>
> 天道厉，地道严，水性柔，顺而险。
>
> 慎开发，节能源，播绿色，种福田。
>
> 元气旺，福气添，心神怡，寿延年。
>
> 天人合，永世安，地球村，乐陶然。

以及后边写的"行为美，做典范"等等，也都包括成人。只有成人高素质，新一代的品德才能高。上海团市委调查时，80％的青年说，如果说我们青少年的思想有滑坡，那是你们（家长、老师、干部）对我们影响的结果。

当然，这 1 416 字的小书中，着意为青少年朋友多写了一些。

比如：

> 明人伦，孝第一，家道昌，门风立。
>
> 对长辈，忌无礼，凡出言，用敬语。
>
> 虐老人，悖情理，天不容，法不依。

又比如，要感师恩，写道：

> 我学子，重师礼，感师恩，为人梯。

　　燃红烛，化春泥，呕心血，育桃李。

　　授知识，传道义，人才群，功德碑。

　　我们做学生的应该感谢老师。过去讲"一日为师，终身为父"，现在讲师生平等，但至少是要尊重老师。这方面出现的一些事情值得反思。

　　在 10 月份，我知道的就连续发生了三次校园暴力事件：10 月 4 日，山西朔州二中，一名男生将值班老师刺死；10 月 22 日，浙江盘溪中学一名学生将老师骗至山上，掐死；10 月 28 日，中国政法大学也发生了教授被杀事件。一个月内连续发生学生杀老师事件，值得深思，值得重视，值得研究。

　　一方面学生要感师恩，另一方面老师要尊重学生。

　　贵州省三都县乡村教师陆永康执教 40 年，他腿有毛病，跪教 36 载，被评为"全国师德标兵"、"全国五一劳动奖章获得者"。但是，我在报纸上也见到一则消息，江苏一名大学教授赌光 39 万元学费外逃，后来在无锡落网，被判刑 10 年。

　　我在《新三字经》中写感师恩这段，目的是教育学生要感师恩，老师要做行为典范。

　　上边讲的这一段，主要是说，这本书既是为青少年写的，也是为我们成年人写的，也是我自勉之词。

　　五是把个人修身与构建和谐社会糅合在一起。个人修身方面讲到传统美德，也讲到了"五讲四美"。"鸟爱青山鱼爱水，哪个青年不爱美？"提到"五讲四美"，我总有个遗憾——当年我提的是"五讲五美"，五美中有"仪表美"，因当时有的同志认为一讲"仪表美"，就会把青少年引向资产阶级的生活方式，不同意"仪表美"，我也没有坚持，担心一坚持其他"四美"也不让提了，就把"仪表美"去掉了。这次我补了这个遗憾，把"仪表美"写了进去：

　　清肌肤，洁心灵，正衣冠，修其容。

　　站如松，坐如钟，卧如弓，走如风。

　　一个公民，一个干部的形象，关系到国家的形象。如我在慕尼黑听看交响乐的时候，观众个个衣服整洁，坐得端端正正，给我留下了深刻印象。这方面咱们恐怕十年赶不上人家。

　　这四句话做到不容易。

　　站如松：头顶要有一个气球吊着的感觉。身只有两处向下——肩、脚，其余挺拔向上，开肩。有钱可以买来好衣服，却买不来好风度。

　　坐如钟：这不仅是个风度，且对防止腰变弯曲有好处。比如要想 70 岁之后腰不弯，就要注意形体锻炼。就拿吃饭来说，如果按 70 岁计算，一个人一生约吃 75 000 多顿饭，约耗用 75 000 多小时，等于 3 125 天，8 年多时间，如果总是猫腰俯桌吃饭易弯腰。"两眼朝天，腰杆不会弯"，腰一弯，风度就没了，跳起舞来，两眼朝地，像是满地找戒指似的。

　　卧如弓：右侧，形体美，易放松，不压迫心脏。一个人如活到 70 岁，睡觉约占 9 375 天，等于 25 年多的时间。

走如风：一个人一生约走 7 500 多万步。走，能体现一个人的气质和风度。走路当中有美学：

两脚平行——形象不行；

八字出脚——形象不好；

脚尖先着地——形象不美丽；

脚跟先着地——形体有韵律。

《新三字经》中，既写了人的内在美，也写了人的外在美。由一个个美丽的人，组成了一个美丽国家，构成了和谐社会。

《新三字经》从开篇到结尾，都体现了构建和谐社会的思想，并论述了"和合力，胜金玉"的思想：

一人力，难经风，百人力，能抗衡。

千人力，大无穷，万人力，四海宁。

最后，结尾写道：

和谐经，警世钟，铭在心，贵在行。

和平颂，入太空，和谐曲，咏无终。

建小康，求繁荣，兴中华，奔大同。

这就是我们的理想，这就是我们的目标。同学们一定能为中华民族的伟大复兴贡献出才智和力量。

这里讲的"和平颂"入太空，有一段小故事。即"神舟六号"上天时，我书写了自作长诗《和平颂》书法长卷，随"神六"遨游太空。诗中有一段：

和为贵，

和为明，

和则顺，

和则兴。

和是久旱之春雨，

和是酷暑之清风。

和美家园，

常系迁客游子故国梦，

和谐社会，

永在黎民百姓信念中。

这首诗被评为人类上天的第一首长诗，创吉尼斯世界之最，在世界诗人大会上得了金奖，我也因此被评为世界桂冠诗人。今天，我把这首长诗书法送给中国青年政治学院，送给同学们。

（热烈鼓掌）

（2008 年 11 月 4 日）

新三字经

高占祥

春日暖，秋水长，和风吹，百花香。
青少年，有理想，立大志，做栋梁。
天行健，人自强，生我材，为兴邦。
倡和谐，民所望，兴道德，国运昌。

人之春，在少年，光阴迫，惜时间。
生有涯，知无限，苦攻读，莫偷安。
求学路，曲弯弯，路是弓，人是箭。
头不回，弦不断，志不渝，永向前。
大海阔，踏浪尖，高山险，勇登攀。
守琴心，抱剑胆，温而厉，恭而安。
铁可磨，石可穿，攻必克，胜必谦。

我学子，重师礼，感师恩，为人梯。
燃红烛，化春泥，呕心血，育桃李。
授知识，传道义，人才群，功德碑。
学与思，琢与磨，知与行，相交错。
成于勤，毁于惰，荒于嬉，败于奢。
省吾身，思己过，言必行，行必果。
败与胜，非天命，得与失，乃互生。
勤奋者，功必成，开创者，业必兴。
贪逸者，手必空，爬行者，难成龙。
图小利，毁名声，贪大财，易丧命。
私欲烈，弊丛生，心怀公，百路通。
学知识，长本领，崇人文，尚理性。
数理化，天下用，文史哲，世理明。
学先辈，慰英灵，传家宝，要继承。

学女娲，补苍穹，仿后羿，济苍生。
思夸父，追光明，效愚公，事竟成。
学经典，育华英，出凡俗，入佳境。
学中品，品中升，苦中练，练中精。
石中玉，木中松，云中鹤，人中龙。

知荣辱，习礼仪，不知礼，无以立。
遵公德，守纪律，兼相爱，交相利。
见人贤，即思齐，仰高洁，弃粗鄙。
两分法，辨是非，三思行，慎有益。
宠思辱，安思危，福思祸，利思义。
欲利群，先修己，树新风，从我起。

兴五常，正纲纪，处世训，应牢记。
仁者爱，民所喜，义者刚，民所宜。
礼者雅，民所需，智者明，民所依。
信者诚，民所誉，扬正气，振国威。
明人伦，孝第一，家道昌，门风立。
对长辈，忌无礼，凡出言，用敬语。
虐老人，悖情理，天不容，法不依。
父母老，勿嫌弃，若有病，快就医。
勤照料，细护理，寸草心，报春晖。
羊跪乳，乌反哺，父母在，儿孙福。

真善美，是三金，人之根，国之魂。
真在情，善在心，美在意，形在神。
雾茫茫，雨纷纷，眼见事，未必真。
千里风，万里云，背后语，莫全信。
财试人，火试金，慎褒贬，善恶分。
良言出，冬亦温，恶语吐，箭穿心。
道不邪，有知音，德不孤，必有邻。
己不欲，勿施人，己欲立，而立人。
博爱心，宜长存，忠恕道，伴终身。
毁人者，必自损，玩火者，必自焚。
恶为疾，是孽根，善为宝，乃福音。
柔若水，义薄云，人心归，天下顺。

德智体，是三好，争三好，是目标。
德为上，智为高，体为本，风华茂。
登书山，善思考，游艺海，陶情操。
莫赌博，勿喧闹，远毒品，斥黄妖。
戒网瘾，防泥沼，陋习俗，应改掉。
清肌肤，洁心灵，正衣冠，修其容。
站如松，坐如钟，卧如弓，走如风。
听其言，观其行，明其道，计其功。

精气神，是三宝，克敌弓，不可少。
精神力，紫气豪，民族魂，华光照。
男儿品，贵似金，女儿魂，洁如云。
能抗争，能沉稳，能高歌，能低吟。
贫不移，富不淫，威不屈，辱不忍。
精有源，气无垠，心通道，道通神。
重名节，防微尘，浩然气，贯古今。

松竹梅，是三友，岁月寒，不分手。
松有志，不倨傲，竹有节，不折腰。
梅有香，不争俏，三结义，品自高。
轻私利，重友谊，结善缘，忌猜疑。
遇无礼，莫斗气，求大同，存小异。
人至察，无知己，水至清，则无鱼。
传闲言，非儿戏，听谗言，要警惕。
闻流言，不唱随，逆耳言，宜听取。
有人缘，群贤聚，无良知，众人离。
成人美，济人危，见人险，义勇为。
邦有道，助有规，巧为浮，拙为贵。
口拙者，无是非，眼拙者，无怨怼。
愚在表，智在内，勤补拙，大智慧。

天地水，是三元，养万物，亲自然。
天道厉，地道严，水性柔，顺而险。
慎开发，节能源，播绿色，种福田。
芳草地，碧云天，杏花村，桃花源。

元气旺，福气添，心神怡，寿延年。
天人合，永世安，地球村，乐陶然。

正清和，是三经，践行者，事必功。
不信邪，曰为正，路不偏，中道行。
脚不斜，心不惊，中正者，乐平生。
不浑浊，曰为清，阴阳分，泾渭明。
欲不贪，情不纵，心清者，人必敬。
曰为和，不纷争，和为贵，和则兴。
一人力，难经风，百人力，能抗衡。
千人力，大无穷，万人力，四海宁。
国不和，刀兵起，家不和，骨肉离。
人不和，心不齐，志不和，道分歧。
社会和，少暴戾，民族和，国之基。
将相和，力生威，家庭和，万事吉。
港澳台，亲兄弟，同根生，共呼吸。
和合力，胜金玉，和生祥，彩云归。

倡五讲，揭新篇，尊四美，扬新帆。
讲文明，忌野蛮，讲礼貌，忌傲慢。
讲卫生，忌污染，讲秩序，忌散漫。
讲道德，忌空谈，日日新，不间断。
心灵美，无邪念，语言美，无脏言。
行为美，做典范，环境美，建乐园。

我中华，开新纪，倡文明，兴正义。
五千年，文化力，传至今，了不起。
好传统，莫荒弃，百福临，千祥集。
和谐经，警世钟，铭在心，贵在行。
和平颂，入太空，和谐曲，咏无终。
建小康，求繁荣，兴中华，奔大同。

编后语

　　高占祥著《新三字经》面世后，好评如潮，几乎是众口一词：这是一部思想性、艺术性俱佳的新时期文化经典之作。而且许多有关部门的领导、有识之士认为，这部书不仅顺世应时，对当前文化建设、思想道德教育有着重要的现实意义，而且它立意高远，有望并应该与优秀传统蒙学教材——《三字经》比肩而行，相辅相成，发挥各自的优长，在中华民族伟大复兴征程中，产生深远的历史影响。当前，问题的关键是如何使这一新的宝贵文化资源能够得到充分开发、利用。

　　从历史上看，《三字经》自宋末诞生以来，之所以在社会前行中发挥潜移默化的巨大作用，乃至前些年被联合国教科文组织列入《世界儿童道德教育丛书》，成为全人类的共同文化遗产，其作者固然是功不可没；但数百年间，一代又一代的官员、学者、老师、家长、艺人等对《三字经》多种形式的传播，使之广泛流行，家喻户晓，当是其能够产生积极效应的关键所在。

　　我们高兴地看到，在《新三字经》出版发行后，多家媒体迅速做了宣传报道，各地书店热情推介，不少单位将其列入必读或推荐书目，出现了老师课堂讲《新三字经》、万名学子吟诵《新三字经》、年轻母亲辅导三岁女儿学《新三字经》、国粹京剧和歌曲演唱《新三字经》等生动感人的情景，一个读、评、议《新三字经》的热潮正在兴起。这无疑是令人振奋的好事。同时我们也清醒地意识到，要想使《新三字经》在构建和谐社会、推动文化大发展大繁荣中发挥深入持久的作用，还需各有关方面以强烈的使命感和责任感，通力合作，下一番大功夫、苦功夫。

　　基于上述认识，现将教育界、思想界、文艺界、新闻界的有关领导、学者、专家和社会上部分读者评论《新三字经》的讲话、文章进行整理选编，结集印行，供各界人士参考，以期《新三字经》的学习、宣传活动更加广泛、深入地开展起来，坚持下去，使之在"建小康，求繁荣，兴中华，奔大同"的历史进程中发挥更大的社会效益。

高占祥同志在中国青年政治学院与大学生见面时所作的题为《创作〈新三字经〉的前前后后》的讲话，披露了创作《新三字经》的主要宗旨、心路历程等有关信息，这对于读者学习、研究《新三字经》不无裨益。我们特将讲话记录进行了整理，并与《新三字经》原文一并附上，以便于读者阅读。

由于编者水平有限，本书不当之处，敬请各位专家、广大读者批评指正。

《评〈新三字经〉》编辑组

2009 年 3 月 6 日

图书在版编目（CIP）数据

评《新三字经》/评《新三字经》编辑组编．
北京：中国人民大学出版社，2009
ISBN 978-7-300-10613-7

Ⅰ．评…
Ⅱ．评…
Ⅲ．新三字经-研究-文集
Ⅳ．B825-53

中国版本图书馆 CIP 数据核字（2009）第 063626 号

评《新三字经》
评《新三字经》编辑组　编

出版发行	中国人民大学出版社		
社　址	北京中关村大街 31 号	邮政编码	100080
电　话	010－62511242（总编室）	010－62511398（质管部）	
	010－82501766（邮购部）	010－62514148（门市部）	
	010－62515195（发行公司）	010－62515275（盗版举报）	
网　址	http://www.crup.com.cn		
	http://www.ttrnet.com（人大教研网）		
经　销	新华书店		
印　刷	北京市易丰印刷有限责任公司		
规　格	158 mm×236 mm　16 开本	版　次	2009 年 5 月第 1 版
印　张	10 插页 2	印　次	2009 年 5 月第 1 次印刷
字　数	174 000	定　价	25.00 元